21世纪高等院校艺术设计专业教材

THE SERIES OF TEACHING ENVIRONMENTAL ART DESIGN

环艺设计教学丛书

施济光　冯丹阳　编著

辽宁美术出版社

通用构造

图书在版编目（ＣＩＰ）数据

通用构造 / 施济光，冯丹阳编著. -- 沈阳：辽宁
美术出版社，2014.5
（环艺设计教学丛书）
ISBN 978-7-5314-6199-9

Ⅰ．①通… Ⅱ．①施…②冯… Ⅲ．①建筑构造
Ⅳ.①TU22

中国版本图书馆CIP数据核字(2014)第090545号

出 版 者：辽宁美术出版社
地　　址：沈阳市和平区民族北街29号　邮编：110001
发 行 者：辽宁美术出版社
印 刷 者：沈阳市鑫四方印刷包装有限公司
开　　本：889mm×1194mm　1/16
印　　张：9
字　　数：220千字
出版时间：2014年5月第1版
印刷时间：2014年5月第1次印刷
责任编辑：苍晓东
封面设计：范文南　彭伟哲
版式设计：苍晓东
技术编辑：鲁　浪
责任校对：李　昂
ISBN 978-7-5314-6199-9
定　　价：56.00元

邮购部电话：024-83833008
E-mail:lnmscbs@163.com
http://www.lnmscbs.com
图书如有印装质量问题请与出版部联系调换
出版部电话：024-23835227

中国高等院校
THE CHINESE UNIVERSITY
21世纪高等院校艺术设计专业教材

总 序

　　当我们把美术院校所进行的美术教育当作当代文化景观的一部分时，就不难发现，美术教育如果也能呈现或继续保持良性发展的话，则非有"约束"和"开放"并行不可。所谓约束，指的是从"经典"出发再造经典，而不是一味地兼收并蓄；开放，则意味着学习研究所必须具备的眼界和姿态。这看似矛盾的两面，其实一起推动着我们的美术教育向着良性和深入演化发展。这里，我们所说的美术教育其实包含了两个方面的含义：其一，技能的承袭和创造，这可以说是我国现有的教育体制和教学内容的主要部分；其二，则是建立在美学意义上对所谓艺术人生的把握和度量，在学习艺术的规律性技能的同时获得思维的解放，在思维解放的同时求得空前的创造力。由于众所周知的原因，我们的教育往往以前者为主，这并没有错，只是我们需要做的，一方面是将技能性课程进行系统化、当代化的转换；另一方面，需要将艺术思维、设计理念等等这些由"虚"而"实"却属于艺术教育的精髓，融入到我们的日常教学和艺术体验之中。

　　在本套丛书实施以前，出于对美术教育和学生负责的考虑，我们做了一些调查，从中发现，那些内容简单、资料匮乏的图书与少量新颖但专业却难成系统的图书共同占据了学生的阅读视野。而且有意思的是，同一个教师在同一个专业所上的同一门课中，所选用的教材也是五花八门、良莠不齐，由于教师的教学意图难以通过书面教材得以彻底贯彻，因而直接影响到教学质量。

　　学生的审美和艺术观还没有成熟，再加上缺少统一的专业教材引导，上述情况就很难避免。正是在这个背景下，我们根据国家对美术教育的精神，在坚持遵循中国传统基础教育与内涵和训练好扎实绘画（当然也包括设计）基本功的同时，向国外先进国家学习借鉴科学的并且灵活的教学方法、教学理念以及对专业学科深入而精微的研究态度，辽宁美术出版社会同各院校组织专家学者和富有教学经验的精英教师联合编撰出版了《21世纪高等院校艺术设计专业教材》。教材是无度当中的"度"，是规范，也是由各位专家长年艺术实践和教学经验所凝聚而成的"闪光点"，从这个"点"出发，相信受益者可以到达他们想要抵达的地方。规范性、专业性、前瞻性的教材能起到指路的作用，能使使用者不浪费精力，直取所需要的艺术核心。在这个意义上说，这套教材在国内还是具有填补空白的意义。

中国高等艺术院校系列丛书编委会

序

中国艺术设计的高等教育，如果以国家正式颁布的大学本科专业目录出现"艺术设计"的专业界定算起，至今还不到二十年。染织、陶瓷、装潢等工艺美术专业都是从那个时候起从"美术"改称为"艺术设计"的。"环境艺术"的概念出现得比较早，可以追溯到 20 世纪初。而环境艺术设计则是一个相当新的专业概念，至今相关的专业理论研究还相当滞后。但中国环境艺术设计专业的发展，尽管也是"摸着石头过河"，却与中国的改革开放一样发展迅猛。1988 年当时的国家教育委员会决定在我国高等院校设立环境艺术设计专业，1998 年成为艺术设计专业下属的专业方向。据不完全统计，在短短的十数年间，全国 400 余所各类高等院校建立环境艺术设计专业方向。进入 21 世纪，与环境艺术设计相关的行业年产值就高达人民币数千亿元。

"环境艺术"(environmental art) 这种人为的艺术环境创造，可以自在于自然界美的环境之外，但是它又不可能脱离自然环境本体，它必须植根于特定的环境，成为融会其中与之有机共生的艺术。可以这样说，环境艺术是人类生存环境的美的创造。

"环境艺术设计"(environmental design) 是建立在客观物质基础上，以现代环境科学研究成果为指导，创造理想生存空间的工作过程。人类理想的环境应该是生态系统的良性循环，社会制度的文明进步，自然资源的合理配置，生存空间的科学建设。这中间包含了自然科学和社会科学涉及的所有研究领域。

广义的环境艺术设计概念：以环境生态学的观念来指导今天的艺术设计，就是具有环境意识的艺术设计。

狭义的环境艺术设计概念：以人工环境的主体建筑为背景，在其内外空间所展开的设计。具体表现在建筑景观和建筑室内两个方面。

目前高等学校的环境艺术设计专业教学，基本是以"室内设计"和"景观设计"作为实施的专业方向。尽管学术界对这两个专业方向的定位和理论概念还存在着不尽统一的认识，但是迅猛发展的社会是等不及笔墨官司有了结果才前进的。高等教育的专业理念超前于社会发展也是符合逻辑的。

高等教育质量的保证来自于两个方面：一是高素质的师资队伍；二是高质量的专业教材。艺术学科同样如此。相对来讲，艺术学科教育中师资的作用要胜于教材的作用，尤其是高等教育强调普遍规律中艺术个性的张扬。不同类型与不同办学背景的学校要办出自身不同的个性特点，师资的基本素养和专业水平起着至关重要的作用。由于环境艺术设计专业本身开办的时间就不长，师资来源相对年轻和学术积淀相对浅薄。因此，在一个特定的历史阶段中，教材的作用就显得更为重要一些。这也就是近年来编写教材热的由来。

环境艺术设计教育在国内的短暂历史，决定了其教学模式和教学方法还存在着不少问题，与其他传统的艺术类专业相比还有着很大的差距。尤其是艺术设计教育完全是工业化之后的产物，是介于艺术与科学之间边缘性极强的专业教育。这样的教育背景，要编写专业性很强的高校教材，在统一与个性的权衡下，显然两者都是需要的。我们这样大的一个国家，市场需求如此之大，如此之广，现在的教材不是太多，而是太少，尤其是适用的太少。不能用同一种模式和同一种定位来编写，这是摆在所有高等艺术设计教育工作者面前的重要课题。

当今的世界是一个以多样化为主流的世界。在全球经济一体化的大背景下，艺术设计领域反而需要更多地强调个性，统一的艺术设计教育模式无论如何也不是我们的需要，只有在多元的撞击下才能产生新的火花。作为不同地区和不同类型的学校，没有必要按照统一的模式来选定自己的教材体系。环境艺术设计教育自身的规律，不同层次专业人才培养的模式，以及不同的市场定位需求，应该成为不同类型学校制定各自教学大纲选定合适教材的基础。基于此，我们组织了全国专家编写了这套《建筑、环境艺术设计教学实录》，力图给人以新的时代感，贴近学生，贴近教学，强调主动探索、合作的教学模式，在注重基础知识、基本技能、基本能力训练的同时，重视创新意识、实践能力的培养。相信该套教材的出版对教学以及教学交流会有一定裨益的。

清华大学美术学院副院长　郑曙阳　2006 年 1 月 30 日

中國高等院校
THE CHINESE UNIVERSITY
21世纪高等院校艺术设计专业教材
建筑·环境艺术设计教学实录

目 录

前 言
PREFACE

　　随着社会的进步和发展，人们对建筑及室内外环境的要求越来越高：希望它们自身是稳固、安全、耐用的，并希望它们能够给自己提供尽可能的安全庇护；希望它们的形象能足够优美而富有新意，能够让自己充满惊喜而又流连忘返；希望自己能够在其中享受安逸；希望它们能够为自己的使用提供尽可能多的方便；期望它们的建设过程不要太麻烦，耗费太多的时间；期望它们不要花费太大，以至于自己无法承受……其实这就是我们这些设计师或者是即将的设计师们所必须要留意的了。这些要求看似很多，但这些总结起来也就是两大方面——艺术问题与技术问题。艺术解决的是形式美的问题，满足人们一定的审美需求；技术解决的是需求的物质实现的问题，也就是说如何将人们提出的要求变成为现实的方法与过程。在建筑、装饰及环境领域的关于技术实现的问题我们一般称之为构造，也就是我们这本书的主题——将人们提出的审美、功能需求变成为物质现实的方法和过程。

　　建筑构造是建筑学专业的一门传统的理论结合实践的课程，有着很系统的教材和教学方法。近些年来，随着室内装饰和环境、景观事业的不断发展，又相继出现了大量的装饰构造和景观构造之类的教材和参考书。这些教材和参考书一般都存在以下两个方面的问题：第一，因循传统，墨守成规，重现象，轻规律，无法紧握时代脉搏，缺少创造性与灵活性。也就是说，这些书多以讲述已有的（也可以说是过去的）构造做法与工艺为主。但是，学会已有的构造知识，尤其是某些具体的做法，不应该是构造课的核心和目的。因为技术是在不断发展的，构造做法也在不断的发展变化着，现有的很快就会发展为过去式。并且，就算是技术没有什么革命性的变化，对传统材料或传统工艺的非传统的创造性的应用，在工程设计实践中也是非常必要的。因此，让学生掌握基本的构造学原理，不对任何材料和工艺产生"成见"，尽量激发学生们的主动创造性与创造意识才是更重要的。第二，知识的介绍相对较片面、封闭、缺乏必要的广度和开放性，各个教材各自为政，所论述的问题多局限在某一范畴，或建筑、或装饰、或景观等等，彼此之间缺少必要的联系和渗透。就美术院校的建筑学和环境艺术专业而言，其涉猎的范畴涵盖了建筑、装饰及室外景观，甚至还涉及园林专业。其实，人所共知这些专业之间本就有着密不可分的内在的本质的关联。如果我们将这些教材放在一起，就不难发现其基本原理是统一的。既然如此，我们为什么不想办法让初学者少走一些弯路呢？其实，试图解决上述这些问题就是本书的编写初衷。

　　如果构造教材只讲授已有的具体的构造技术知识，就容易造成对构造课本质的认识偏差——以为构造课就是对已有的构造知识的认知、了解、掌握，而忽略了构造技术是灵活的、有生命的，是极富创造性的，而且是必须以创造性理念为基础的，不断发展的。没有构造技术的不断地创新发展，也就没有我们今天看到的绚烂多姿的人文景象。诚然，构造课的教学不是让那些对构造技术还不很了解的初学者就去凭空的创造，但是我们应该在教授基本的构造学原理的过程中不断地灌输这样的一种理念——构造的发展是一个不断创新的过程，构造设计应该是创造性的，我们可以去创造新的构造，而且我们必须去创造。在教学的实践训练过程中，在可能的情况范围内，鼓励学生进行有所依据的创造性构造设计与制作。

还有一点我们必须注意到——构造决不仅仅是技术问题，它更是一门艺术：首先，当它作为艺术品的实现方式，与艺术品结合时，就成为了艺术品的一部分；其次，很多极具创造性的构造设计，其本身就是艺术创作。其产生的作品同样具有艺术品的特质。

本教材的基本内容特点：

1.重原理、偏基础的构造知识为主

本书尽量回避对现有的构造知识的简单复述，尤其是某些具体的做法，而是以详细介绍原理性、原则性的构造知识为主。这样做的好处就是可以使同学们对基础知识不至于做太过形而上的理解，了解了基本原理，再通过一定的社会实践，最终可以使同学们在构造学领域能够达到游刃有余、高屋建瓴的境界。

2.通用性——"跨学科"的、宽范畴的知识涵盖

前面已经提到，本书是将建筑构造、装饰构造、景观构造等专项的构造技术知识进行有机的系统的重组，作为本书的基本的知识理论构架。这样做是因为这些所谓的独立学科间的界线实在是无法清晰的界定。在现实当中我们经常见到搞建筑的不懂也不管环境工程和室内装修，搞装修工程的不懂基本的建筑构造常识……造成很多不必要的失误。只要我们放眼看一下身边的世界，就会明白这种现象必将变为历史，指精通孤立知识范畴的设计者将逐渐为历史所淘汰，而我们将要培养的应该是具有宽泛的知识能力基础、具有超强的适应能力、有特长的专业设计人才，本书就是以此为初衷写成的。

3.创造性的教学与实践训练

"创造性"是本书的又一核心所在，可以说是本书的精髓。通常的理解，构造是一门技术性的学科，多学习就可以了，而实际上，我个人以为，构造更是一门极富且亟需创造性的学科。可以说，没有前人在构造技术上的不断创新，也就没有当今在专业范畴内的辉煌成就。因此强调构造技术的创造性也是本书区别于其他的一大特点。"创造性"在本书中主要从以下三个方面加以体现。第一是在基础知识的讲授过程中，不断强调和渗透创造性与构造技术的关系，强调创造性对于构造技术的重要性。第二是在于课程考察与训练作业的设置，强调在基本知识原理的指导下，有所创造性地完成，强调作业中创造性元素的重要性，这在本书的第八章有详细的介绍。第三就是在授课过程中同时伴随着创造性的实际工程实例的引用与创造性构造理念的及时渗透。

本书能够得以完成，要感谢鲁迅美术学院环境艺术系的领导和同仁们的大力支持，尤其是马克辛老师的启发与教诲；要感谢同我一起完成教学任务的同学们，要感谢他们对我们工作的支持和启发。他们的认真、执着，他们的热情，深深地打动了我，他们激情澎湃的灵感和创作能力，时时令我激动不已，对于他们付出的，我深深感动，他们所得到的，我深感欣慰。由于时间仓促，加之能力有限，书中必然存在诸多不尽如人意的地方，还请大家多多见谅，多提宝贵意见。

中國高等院校
THE CHINESE UNIVERSITY
21世纪高等院校艺术设计专业教材
建筑·环境艺术设计教学实录

CHAPTER 1

认识构造
建筑

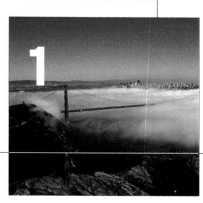

构 造 技 术
基 本 原 理

第一章 构造技术基本原理

第一节 认识构造

先看一些照片，这些照片中的内容都是我们身边的事物，我们熟悉的几乎从没有注意到它们的存在。

就是存在于我们身边的这些东西，你是否愿意问一句：这是用什么做成的，怎么做成的……

这就是通用构造知识的实现！

一、什么是构造

"构造"一词在词典上的解释是：事物内部各组成成分之间的组织和相互关系。

二、构造知识无处不在

任何有形的事物都有其内部的构造形式，我们生存的地球有其内部的构造，

我们的身体有一定的构造形式，各种机器设备的内部构造会各不相同……

关于构造这个名词，我们可能会有些陌生，但是不管你愿不愿意，在有意无意当中，我们时刻处于由各种构造方式构成的物质世界的包围当中——环境。就像我们的生存离不开物质环境一样，构造伴随着我们的生活……

就我们的专业而言，我们要研究的主要是建筑、环境、装饰的相关构造知识。要想成为一名优秀的设计师，了解、掌握必要的专业构造知识是必不可少的。否则我们的设计就只能是沙滩高楼、空中楼阁，没有实际意义。

学习这门课也许不能使大家掌握必要的、相对全面的构造知识，因为这几乎是不可能的。第一，构造技术知识是不断发展变化的，当这本书写成的同时就已

经"过时"了；第二，从本专业构造知识所覆盖的广度和深度来说，本书也无法涵盖全面；第三，就同学们的学习实际来看，对学习的效果并不是有利的。

保守一点讲，如果大家在看过本书之后，能够随时留意身边、周围的环境，特别是细节，即如前面的几幅照片，并对优秀的构造做法进行分析、总结、探讨，同时作为知识的积累和储备，并在可能的实践活动中加以应用和发展。对失败的做法我们也可以总结其原因，避免同样的情况发生在自己的实践当中。这也许是学习本专业构造知识并不断提高的永恒之道。

看一看我们的身边，如果经常问一句："这是什么做的，怎么做成的？"并努力找出答案。那么我们就离渊博的知识不远了。

这是哪里？这就是鲁迅美术学院体育场看台边上的草皮护坡，你是否想过这样陡峭的坡面，土壤和人工栽培的草皮是怎样保持如此整齐的形态以及生长得如此旺盛呢……

这些是鲁迅美术学院正门前的东西，但这种石材的做法却是十分常见的，通过这残破的边缘，我们可以看出石材的厚度和做法……

毛泽东同志为鲁迅美术学院题写的校训，可是你知道吗？这青石的影壁是怎样造成的？这些铸铁的大字是怎样舒舒服服的停留在影壁上的呢……

沙漠中行者的简易庇护所，完全是生理的需求。

随着技术的发展，人们可以为自己创造出较为理想的"小"生存环境，比如适宜的温度、湿度等。

莱比锡一室内步行街中的设置。

技术水平越低，人就越依赖自然，很难为自己创造出较为理想的生存环境。

三、构造设计的宗旨——以人为本

　　无论是建筑还是环境艺术设计，其宗旨都是满足人们生理与心理需要，创造理想的生存空间。建筑与环境艺术包括的一切人工环境，一方面是为了满足人们物质生活的需要或生理的需求而建造的。另一方面各类建筑还应满足人们不同的艺术审美要求。因此，很多作品就成为了技术和艺术集于一身的综合体。在设计的实践中，只有将艺术与技术有机合理地结合，才能创造出既能满足人们的生理要求，又能满足人们的心理需求的理想生存环境。

四、构造的发展离不开技术的进步

　　人类越是向前发展，其技术水平也就越高，他们按照自己的意志改造身边的生存环境的能力也就越强。

　　一方面，技术范畴要解决的问题是满足人们的生理使用要求，创造舒适的生存环境。只有通过合理的设计，精确的结构计算，严密的构造方式，以及协调配合建筑、结构、电气、给排水、暖通、空调、绿化等各专业才能实现。另一方面，艺术领域要解决的问题是创造优美的环境，以满足心理需求，只有通过必要的艺术设计，才能满足人们的审美需求。而艺术设计的成果又要靠相应的技术条件才能得以实现。所以，从设计的本质上来说，技术和艺术两者是统一的合作关系。作为一名优秀的设计师，要求既要懂艺术，还要懂技术。

　　从另外一个角度来说，环境艺术设计的目的只有通过技术途径才能实现。再美的设计如果不合乎基本的构造原理，也难以实现。但是，进步的构造技术不应该成为创作的障碍，恰恰相反，创造性地进步的构造技术正是一大批艺术家们所钟爱的创作源泉。设计艺术要求技术的创造。

　　就像设计作品没有相应的技术支持就无法实现一样，技术要创新也需要艺术的灵感。著名的工程师兼建筑师富勒说过："艺术家经常凭他们的想象力构想出一种模式，而科学家则是后来才在自然中发现它。"

五、构造设计的最高境界——创造

构造技术是建筑、环境艺术专业的通用工程技术课程。一般认为它主要阐述与建筑、环境艺术工程有关材料的选择和应用，以及施工的方法和合理性，还要训练学生掌握绘制相应施工图的技能。但本书要讲述的核心内容绝不仅仅是这些。我们知道，要想成为一名优秀的设计师，只做到艺术与技术的统一还不够，我们还必须具备足够的创造性，本门课的宗旨就是要通过学习具体的已有的构造技术知识，着力于提高学习者的运用已有的技术知识，进行再创造的能力与意识，并且我个人以为，创造意识的培养才是最基本最重要的。列夫·托尔斯泰曾经说过："如果学生在学校里学习的结果，是使自己什么也不会创造，那么他的一生将永远是模仿和抄袭。"创造性是一名优秀设计师所必须具有的素质。

创造就是首次造出未曾有过的事物，也可说是打破旧秩序，建立新秩序。

建筑、环境领域中的构造技术同样需要创造性，这种创造包含很多方面。比如形式和构造技术方法的创造性，而形式的创造性又是以构造技术为依托的。因此创造性对于构造技术来说尤其重要，可以说是他的灵魂。的确，我们都是从一些具体的、已有的构造做法开始学习的，但这并不是我们根本的目的。正如所谓"欲出世，必先入世"，是的，"入世"是为"出世"，"入世"是手段、方法、过程，而"出世"才是目的。学习已有的知识即是入世，出世就是让我们有能力去应付各种实际的新的技术问题，再进一步就是有能力去创造出新的做法。看一下身边的作品，哪一件有着深远影响力的优秀作品不是包含了大量的创新之处。

创造性本身也是一个历史范畴的问题，许多现在看来很平常的东西，曾经就是伟大的创造，同样，现在看是创造性的事物，随着时间的推移，也必将趋于平凡。正所谓长江后浪推前浪。综观历史，无论各个行业、各个领域的进步和发展，都是由科学技术的创新带动的，就算是社会形态的演进也不例外。正如我们所见到的，如果没有蒸汽机的发明，资本主义也就无法产生和壮大；如果没有成熟的钢筋混凝土技术，我们现在所说的现代建筑又从何谈起呢？如果说这太宏观，我们无法把握，微观角度又何尝不是这样，由于各种新材料新技术的诞生，许多过去想都不敢想的做法就变得很自然了。有了轻质板材，分隔房间就不必太过担心楼板的承载能力了；有了轻钢龙骨，各种形式的吊顶就变得轻而易举……

就构造技术而言，创造性主要体现在以下两方面：

第一，真正的科学性的技术创新，这是具有革命性的，是随着自然科学技术的发展进步，由艺术家和设计师们发挥想象力，由科学家们实现的。这样的创新必然带动时代进步和发展，是推动建筑历史演进的原动力之一。

这种"创造性"确是一个历史范畴的名词，在一定历史时期内，原本的创造性元素，随着时间的推移会转变为平凡，甚至可能会成为阻碍发展的消极因素。也就是说，我们要辩证的看待创造性问题，可能你身边的一些看似平凡的事物，可能是曾经很伟大的创造。

就如大空间的穹顶技术吧，早在1296年就开始兴建的佛罗伦萨大教堂，就是因为无法解决一个直径42米的穹顶，一直无法完工，直到1420年，才由博卢乃列斯基提出解决方案，1434年得以建成，这个直径42米，高30余米的穹顶在当时简直就是奇迹，其所用结构也是庞大得简直令人无法想象。然而，这样的一个穹顶空间在现在实在是不值一提。现在不论是用钢筋混凝土还是用金属网架，都可以轻易的造出比大教堂穹顶大几倍十几倍的大空间来。

第二，发挥设计师们的艺术再创造能力。就是利用已有的材料、技术，不拘泥于原有的技术规范，在遵循一定科学原则的前提下，创造出新的应用方式，这可能是设计师们更感兴趣也更容易做到的。原本不起眼的材料工艺，经过这样的再创造，很可能会创造出意想不到的美妙效果。

材料的选择既要考虑它的性质和效果，看它能够做什么，不能做什么，是怎样连接或怎样构成的。又与业主和设计师的个性、喜好和对材料的认识、了解有关。对许多成功的设计师而言，对材料的运用却并非出自偶然，历史上有砖石建筑大师、钢结构建筑大师或混凝土建筑大师等等，如阿尔托、密斯、柯布西耶，或者近一点的路易·康、罗杰斯、安藤等。他们对材料的认同、感觉和表现技巧不是天生的，是修炼而来的。重要的是要花时间去认识它、信任它、掌握它，进而对它进行再创造。一天换一种材料进行建造的设计师，就像一天用一种设计语言来进行设计创作的人一样，不太可能是一个成功的设计师。反过来说，任何一种材料、工艺的用法也绝对不会是唯一的，它一定还有许多没有被人们认识到的特性，发现这些特性，并在适当的时机恰当的利用它们，你就有可能获得意想不到的成功。

钢结构屋顶技术，是人类空间技术的一次飞跃。

佛罗伦萨大教堂直径42米的"巨大"穹顶。

在中国的古建筑当中，无论是民居还是官式建筑，砖墙是非常普遍的。

巨大采用钢结构采光穹顶下的商业步行街。

荷兰建筑中相对传统的砖墙。

比如说粘土砖，可以说普通得不能再普通了，在建筑工地是一种极普通的建筑材料，本来是用来建造墙体的，现在常见的做法还要在其表面再作装饰，以便将其粗糙的表面掩盖掉。粘土砖本是一种很古老的建筑材料，在历史上的中国，粘土砖是青灰色的，人们将其表面打磨平整后砌成墙体——称之为磨砖对缝，将平直的砖缝直接暴露在外，不用额外的装饰，显示出中国文明特有的含蓄与雍容。又有人将各种尺寸的打磨光滑的粘土砖铺在地上，称之为金砖铺地。在江南园林中，由于砖本身的吸附性，在潮湿的季节经常会在上面生出苔藓，这正是中国文人们所钟爱的境界。荷兰人也喜欢用砖，但他们用的是"红砖"，很有特色，现在如果要做一个荷兰式建筑的话，红砖墙、红砖地已经是必不可少的了。

现在的红砖可能是表面太粗糙，很少有人会将它们直接暴露在外，还有人用外墙砖、瓷砖做成清水砖墙的效果。其实砖的生命力是很强的，通过不同的应用，可以创造出千变万化的效果。在巴塞罗那海滨有一处小广场，是用粗糙的红砖铺成的，而且砖是平放的（荷兰人多是将砖侧立铺在地上的），而且广场上还有几处曲线的凸起，又有几处精加工石材与其对比，显得极具亲和力，又极富想象力。就算是清水砖墙，由于砖的不同摆放方式，也会有千变万化的效果，建筑大师矶崎新就钟情于此。

还有一种大家都很熟悉的材料——混凝土，它是一种廉价的材料，应用十分广泛，广泛到如果没有混凝土，现在的建筑不知还能不能建成。

荷兰现代建筑中的砖墙。

荷兰现代步行街的红色粘土砖地面。

巴塞罗那海滨有新意的红色粘土砖铺地广场。

现代建筑平整光洁的清水砖墙。

罗马万神庙的混凝土穹顶，可以说是原始混凝土的经典之作。

在罗马大斗兽场建筑中，混凝土扮演了不可或缺的角色。

吊筋

弯钩将钢筋锚
固定在混凝土中

简支混凝土梁中的钢筋

箍筋

连接混凝土梁中的钢筋

结合了钢筋骨架,现代的钢筋混凝土几乎变成万能的了。

古罗马的公共温泉浴室建筑,是原始混凝土大量应用的主要场所。

大量建造的普通现代建筑,其主体结构多为钢筋混凝土结构。

现在大量的钢筋混凝土外墙面都要做一些装饰,以掩饰"丑陋"的、灰暗的混凝土表面。

混凝土材料的使用已有悠久的历史。古罗马人早就懂得把石头、砂子和一种在维苏威火山地区发现的粉尘物与水混合制成混凝土。这种历史上最古老的混凝土,使古罗马人建造了像万神庙穹顶这样的建筑奇迹。当然,因为它在强度上的局限性和加工的复杂性没有能得以普及。另外,这种无定形的材料也因为与古罗马建筑的审美理想不相称,所以,以后多被用在像公共温泉浴室这样的世俗建筑中,大量采用的建材仍然是石材。直到文艺复兴时期,在维特鲁威的建筑十书中曾提到这种材料的用法。然而现代意义上的混凝土直到19世纪才出现,由骨料(砂、石)和水泥、水混合而成。

1824年英国人发明了波特兰水泥,

大大增强了这种材料的强度,1845年以后已可以投入工业化生产。1848年法国人又发明了钢筋混凝土,增强了混凝土材料的抗拉性能,开辟了混凝土材料更广泛的应用领域。1894年建成了世界上第一座钢筋混凝土教堂(St.-Jean de Montmarte)。现代建筑中,混凝土主要用做梁、板、柱等承重结构的结构材料。

混凝土材料虽然在2000多年以前开始使用,但钢筋混凝土材料的应用才100多年。到20世纪20年代,柯布西耶倡导"粗野",房屋外墙抹灰也显得多余,暴露墙体结构,拆了模板不抹灰的混凝土建筑开始抛头露面。被称为素混凝土或清水混凝土建筑,它是混凝土建筑中最引人注目的,20世纪50年代以来,曾风靡

一时。混凝土这种古老的建筑材料与现代建筑形影相伴,在二战后住房危机反战后重建中,混凝土更是扮演了"救世主"的角色。

然而,在20世纪60年代到80年代,人们一般还是认为混凝土是"丑陋"和"非人道"的,因为它会对环境造成破坏。生产混凝土会消耗大量的能源,硬化后的混凝土在自然界中很难被降解,无法循环再生……但由于其优秀的结构性能,现在混凝土多被作为骨架,作为结构材料,被各种贴面、涂料所伪装,被生态所绿化,被幕墙所遮掩。

这种被朗普莱希特誉为"万用之石"的经典建材,一方面持久地起着不可或缺

郎香教堂(柯布西耶 1950~1955年),粗野主义代表作。

瑞士自由人文科学学院(1964年,鲁道夫·斯坦纳),清水混凝土建筑。

安藤忠雄设计的小筱邸内景,清水混凝土室内墙面。

德国威廉莱姆布瑞克博物馆,1959~1964年。留有清晰木模板印痕的清水混凝土墙面。

马赛公寓(柯布西耶 1947~1953年),粗野主义代表作。

马赛公寓入口墙上混凝土浇注的柯布西耶的人体尺度模型。

安藤忠雄设计的小筱邸内景,清水混凝土室内墙面。

的重要作用;另一方面,经过许多天才建筑师的巧手慧心,利用混凝土材料坚固、经济、可塑性强,以及巨大的表现力等特质,为我们谱写了混凝土建筑的颂歌。

就是这种"丑陋"的材料,却就是有那么一些人对其情有独钟,把它用的出神入化,创造出了丰富多彩的、震古烁今的优秀作品。

早在20世纪五六十年代,已涌现出大批用"丑陋"的混凝土材料建造的建筑师,如柯布西耶、吉瑟尔(E.Gisel)、费德雷尔(W.M.Foederer)、鲁道夫(P.Rudolf)、博姆(G.Boehm)、丹下健三等等,

他们以自己特有的技巧为我们塑造了混凝土建筑的经典之作。

柯布西耶等人追求混凝土表里合一的各种表现手法,利用混凝土的流动性、可塑性、干燥后的高强度等特性,探索造型的各种可能性。柯布西耶在昌迪加尔以当地仅有的铅桶皮作为模板淹注混凝土,第一次建成了真正意义上的钢筋混凝土建筑。虽然素混凝土建筑在20世纪50年代以前就已出现,但还没有像昌迪加尔政府区这样,建筑师以结构和材料的真实表现为准则,使整组建筑群以强烈的雕塑感和形体及空间塑造上的独特性成为混凝土材

料应用上的一个大型剧目。还有郎香教堂、马赛公寓。

现在混凝土的创造性应用主要体现在混凝土饰面上(作为结构材料的变化相对有限)。由于混凝土的流动、凝固、硬化的特性,混凝土饰面可创造出丰富多彩的纹理和质感。

路易斯康、安藤忠雄等人设计的混凝土饰面建筑,更关心混凝土的质感及其所能表达的精神性。混凝土饰面的那种肃穆的感觉,与日本传统的灰色调、质感、抽象性相吻合,反映了日本传统中一种"最低限"的精神。所以混凝土饰面在

日本赢得了广泛的认同，甚至在室内也有应用。

由于混凝土具有很强的拓印功能，利用此特性使用天然木板（杉木等）作模板，可将木纹原封不动拓印下来，有一种取之自然、融于自然的返璞归真的质感。

在浇筑混凝土前预先埋置大理石、花岗岩、金属板等其他材料，浇筑脱模之后，与混凝土墙体融为一体形成饰面。通过无序点饰的镜面，把周围景观映射到建筑上，可以说是多种异质材料的共生。

另外拆模之后的细琢饰面或斩假石饰面，粗犷有力，能表现出层次丰富的光感变化，也有石材的效果。

作为第一代现代建筑大师之一的赖特又一个论点：技术为艺术服务。其大量的创造性的应用混凝土，就是这一论点的有力佐证。首先是在结构构件上的创

造性应用，1939年在约翰逊制蜡公司办公楼中，莱特别出心裁地采用了几十根自承重的支柱，柱子上大下小、白色颀长如热带植物，上部与18英尺直径的圆盘构成整体，中间的空隙用组成图案的玻璃管填充，让天然的阳光柔和的洒进室内。这个结构与梁柱系统截然不同，又完全实现了必要的结构功能，从美学角度，这些"柔软"而重复的轻盈漂浮的空茎植物般的支柱，创造了一种全新的空间体验。尽管后来使用证明这种结构的防水问题是一个难以解决的问题，但除此之

外的艺术及技术创造性还是令人赞叹的。

此外莱特对混凝土还有另外一种别出心裁的应用，混凝土塑性砌块。混凝土砌体在技术上是创新的，每个砌块重约20公斤左右，以便于工人操作，现场预制。砌筑时在砌块间插入钢筋后浇混凝土，因而形成既可抗压又抗弯的整体结构。砌块可以采用很多装饰母题，从而可以使建筑与周围环境融为一体。带花纹的混凝土砌块筑成的厚实墙体，布满相同图案的表面以及有镂空砌块投进室内的光斑闪烁着迷人的气氛。

混凝土墙面的雕琢效果

莱特的混凝土砌块，既为建筑提供结构支撑，又是室内外的装饰。

水混凝土的外墙面上装饰着一些不规则布置的剖光板。日本久慈市文化会馆琥珀厅。

约翰逊公司办公楼内景，独特的混凝土柱子与屋顶结构是设计师莱特"有机建筑"理论的体现。

预制的装饰性混凝土砌块，这种使用木模或金属模板浇筑混凝土砌块的建造方式及其装饰纹样，成为大师莱特一段时期内建筑风格的显著特点。

办公室的浮雕壁饰 2。利用廉价的 PVC 管材，经过创造性的拼装组织处理，就形成了一组简洁明快的现代艺术作品。马克辛，2002 年

利用各种不同直径的金属管材制成的现代城市雕塑，材料工艺比较简单，关键是对材料的创造性应用。法国巴黎德方斯新区

法国巴黎拉维莱特公园内的混凝土与大理石板结合的地面。

办公室的浮雕壁饰。马克辛，2002 年

　　此外，混凝土地面应该说是一种极普遍的地面做法，但也被创造出了很多丰富多彩的新做法。比如模压混凝土、彩色混凝土与大理石、花岗岩、金属板等材料组合成的地面、混凝土地砖地面等等。

　　混凝土饰面的色彩比其他材料蕴含着更多的可能性。混凝土饰面的色彩可分为两大类：彩色和灰色。

　　彩色类是在混凝土中加颜料添加剂。根据颜料色彩的不同可形成黄、绿、蓝、紫等各种彩色混凝土。水泥则一般使用白水泥。

　　灰色类是根据水泥的种类、骨料的种类和色调，可调配出从浅到深的不同层次的灰色调。层次丰富的灰色正是混凝土饰面的魅力所在。从近似铝合金的银灰色到近似砖瓦的深灰色，加上丰富多彩的纹理和质感，使混凝土饰面能与其他材料相协调。

　　以上只是粘土砖和混凝土两种极普通的材料，其应用就有着如此丰富的变化，这许多做法的变换、演进过程本身就是一种创造，尽管有许多创造的具体过程已无法考证了，但那又有什么关系呢，只要我们能够时刻提醒自己——这样的创造或许我们也能做到，或许我们也能成为发展的动力之一，那就足够了。

　　构造技术及其创造性在身边无处不在，一件作品的建成，无论规模、性质如何，都必须以一定的构造技术为依托，这技术或简单或复杂、或传统或创新都没有关系。创造性也不一定要多么的高技术、高难度，其实可能就是一点灵感的小火花，就会使人们为之眼前一亮；也不一定就真的是什么前无古人的创造，对于设计者而言，就是要勇于去探索自己所不知的，发展自己的思维灵活性，不要让技术问题成为创意的障碍，如果能让其成为思维的推动力不是更好么。这样，创造、创意与构造技术就变成你中有我我中有你般的密不可分了。

　　大部分看是普通的材料、技术，只要我们认真地去研究，就会发现他们的闪光点。

第二节 建 筑

建筑构造是一切构造知识的基础，我们天天要与建筑发生联系，在日常的生活经验中，人们都有自己对建筑的认识，有很多关于建筑的名词也都已经认识，但是为了后面学习的方便，我们先来系统地了解一下建筑的分类，建筑的基本组成，与建筑设计有关的种种因素，以及建筑设计中使用的模数标准。

一、建筑的种类

人们使用的建筑多种多样，我们可以按照建筑的使用性质、建筑的高度、建筑结构的材料和类型对建筑进行分类。

（一）建筑按使用性质分类

1. 民用建筑：指的是供人们工作、学习、生活、居住等的建筑类型。通常又分为两大类。

（1）居住建筑：如住宅、别墅、单身宿舍、招待所等，以满足人们的基本居住需求为主。

（2）公共建筑：如办公、科教、文体、商业、医疗、邮电、广播、交通和其他建筑等，以满足人们各种物质和精神生活服务需求为主。

2. 工业建筑：指的是各类厂房和为生产提供服务的附属用房。

通常按层数我们可以将厂房分为三类：

（1）单层工业厂房；

（2）多层工业厂房；

（3）层次混合的工业厂房。

3. 农业建筑：指各类供农业生产使用的房屋，如种子库、拖拉机站等。

由历史建筑演变而来的博物馆建筑，是欧洲博物馆建筑的重要来源。柏林

宅建筑是典型的居住建筑

商业建筑的公共性很强

（二）按建筑层数或总高度分类

1. 住宅建筑：1～3层为低层，4～6层为多层；7～9层为中高层；10层以上为高层。

2. 公共建筑及综合性建筑总高度超过24米为高层，低于或等于24米为多层。

3. 建筑总高度超过100米时，不论其是住宅或公共建筑均为超高层。

4. 联合国经济事务部于1974年针对当时世界高层建筑的发展情况，把高层建筑划分为四种类型。

(1)低高层建筑：层数为9～16层，建筑高度最高为50米。

(2)中高层建筑：层数为17～25层，建筑总高为50～75米。

(3)高高层建筑：层数为26～40层，建筑总高可达100米。

(4)超高层建筑：层数为40层以上，建筑总高在100米以上。

（三）按结构类型分

应用木材、砖石、钢筋混凝土、钢材等材料都可以建造建筑，根据建筑承重构件所选用的建筑材料、制作方式与传力方式的不同，可以划分不同的结构类型，建筑的结构类型一般分为以下几种：

1. 砌体结构：竖向承重构件（多指墙体）以普通粘土砖、粘土多孔砖或承重混凝土空心小砌块等材料砌筑。水平承重构件（楼板及屋面板）采用钢筋混凝土或木材等。主要用于多层、无大空间要求的建筑中。现在国内大量建造的多层住宅及部分中小型公共建筑（普通办公楼、学校、小型医院等）都属于这一类。

砌体结构的主要优点：主要承重结构（承重墙）是用砖（或其他块体）砌筑而成的，这种材料任何地区都有，便于就地取材。墙体既能满足维护和分割的需要，又可作为承重结构，一举两得；施工比较简单，进度快，技术要求低，施工设备也比较简单。

工业建筑

医院 巴黎

建筑高度分类

砌体结构房屋的典型平面

柱子和梁形成的框架结构

高层建筑

框架结构

剪力墙结构

砌体结构的主要缺点：砌体强度比混凝土强度低得多，故建造房屋的层数有限，一般不超过7层。砌体是脆性材料，抗压能力尚可，抗拉、抗剪强度都很低，故整体较松散，因此抗震性能较差。因为横墙间距受到限制，故不可能获得较大空间。

2. 框架结构：承重部分由钢筋混凝土或钢材制作的梁、板、柱形成的骨架承担，墙体只起围护和分隔作用。框架结构的工作原理是：工作荷载传递给楼板，再由楼板传递给梁，梁再传到柱子上，最后由柱传递给基础。建筑的框架就如人体

的骨骼，是骨骼撑起了整个人体，一个人的骨骼是一定的，胖瘦却不一定。墙体就像皮肤，可能粗糙也可能细腻，可能白皙也可能黝黑……框架结构一般适用于多层的公共建筑以及一般的高层建筑（60米以下）。框架结构由于平面和立面布置相对灵活，技术难度不大，空间适用性较强（可以产生各种大小、形状的空间）等特点，现在国内建筑界正大量采用。

3. 剪力墙结构：这种结构的竖向承重构件主要由钢筋混凝土墙体来承担，这种墙体有较强的承担风或地震等作用

传来的水平作用力（剪力）的能力，比框架结构有更好的抗侧力能力，因此可建造较高的建筑物。由于墙体间距的限制，空间灵活性较差，一般多用于住宅、公寓和旅馆等建筑中，剪力墙结构的平面形式有些类似砌体结构。

4. 框架剪力墙结构：是由框架构成自由灵活的使用空间，来满足不同建筑功能的需要；同时利用局部的、适当数量的剪力墙，使建筑具有较强的抗侧向力能力，从而可以建成较框架结构更高更稳固的建筑。

5. 筒体结构：剪力墙只能在平面内抵抗侧向力，是一种平面结构，当建筑很高时（超高层），就不能满足稳定的要求，这时我们就要采用具有空间受力性能的筒体结构。其基本特征是：水平力主要是由一个或多个空间受力的竖向筒体承受。筒体可以由剪力墙组成，也可以由密柱框筒组成。

筒体结构的类型有：

(1) 筒中筒结构：由中央剪力墙内筒和周边外框筒组成；框筒由密柱（柱距3米）、高梁组成。911被炸的世贸中心就属于这种结构类型。

(2) 筒体——框架结构：也叫框架——核心筒结构，由中央剪力墙核心筒和周边外框架组成。

(3) 框筒结构。

(4) 多重筒结构。

(5) 束筒结构。

(6) 多筒体结构。

6. 特种结构：这种结构主要指空间结构。它们主要包括悬索结构、桁架结构、拱结构、网架结构、张拉膜结构、壳体结构等结构形式。这些结构多用于大跨度（30米以上）的公共建筑中。

筒体结构主要类型

约束索

扶壁

悬索结构

悬索结构建筑。各层楼板不是靠墙、柱支撑，而是靠悬挂在两座高大混凝土塔中间的钢索，跨度100米。美国联邦储备银行

常见的桁架结构形式

美国旧金山金门大桥——大跨度悬索结构

主要拱券结构类型

张拉膜结构图示

拱结构桥 巴黎

塞纳河畔的简易张拉膜结构

网架结构屋顶

澳大利亚悉尼歌剧院——壳体结构的典范

二、建筑物各部分名称的定义

（一）基础

基础是房屋底部与地基接触的承重结构，它的作用是把房屋上部的荷载通过墙或柱传给地基。基础一般在建筑物的最下部，深埋在室外地面以下，犹如大树的根系，能使建筑物足够稳固。

（二）墙（或柱）

墙（或柱）是建筑物的竖直承重部分，犹如骨骼，支撑起整栋建筑。在墙承重的房屋中，墙既是承重结构，又是围护构件。在框架结构的房屋中，柱是承重构件，而墙仅作为分隔房间的隔墙或遮蔽风雨、减轻阳光辐射的围护构件。

（三）楼板和地面层

多层和高层建筑有楼板，其作用是分隔楼层之间的空间，增加人的活动面积。楼板是水平方向的承重结构，它支撑着人和家具设备的荷载，并将这些荷载传递给墙或柱。地面层是指房屋底层之地坪，楼板和地面层都应满足人们在其上活动的安全及舒适度的要求。

（四）屋顶

屋顶既是房屋的围护构件，抵抗风、雨、雪的侵袭和太阳辐射热的影响；又是房屋的承重结构，承受风雪荷载和施工期间的各种荷载。屋顶应坚固耐久、不漏水和保暖隔热。

（五）楼梯

楼梯是房屋的垂直交通工具，作为人们上下楼层和发生紧急事故时疏散人流之用。楼梯要保证坚固和安全，并应有足够的通行能力，其总宽度应满足最大人流时的疏散要求，坡度要适中，既要节省空间又要不使人感到疲劳。

基础的工作原理及组成

柱子

屋顶

墙体

楼板图

楼梯

现代建筑门窗形势很自由

钢与钢筋混凝土结构的入口雨棚

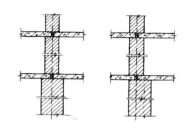

左图为底层定位轴线中分墙身，用于一般房间，右图为底层定位轴线偏中分墙身，用于走道、楼梯间等处。

（六）门窗

门主要用来通行人流，窗主要用来采光和通风。处于外墙上的门窗又是围护构件的一部分，应考虑防水和施工要求。

建筑除上述六部分以外，还有一些附属部分，如阳台、雨棚、台阶、烟囱等。组成房屋的各部分各自起着不同的作用，但归纳起来不外乎是两大类，即承重结构和围护构件。承重墙、柱、梁、基础、楼板、屋顶等属于承重构件。围护构件是指房屋的外壳部分，如维护墙、屋顶、门窗等，它们的任务是抵抗自然界的风、雨、雪、太阳辐射热和各种噪声的干扰，所以围护构件应具有防风雨、保暖隔热、隔绝噪声的功能。有些部分既是承重结构，也是围护结构，如墙和屋顶。

三、影响建筑设计的常见因素

所有的设计工程活动的最终目的都要创造出一种安全、舒适、适用的人造生存环境，同时还要考虑一定的经济性和技术可行性。因此，凡是相关的影响因素，我们都必须要加以考虑。

（一）外界环境的影响

外界环境的影响是指自然界和人为的影响：

1. 外界作用力的影响：包括人、家具和设备的重量，结构自重，风力，地震作用，以及积雪重量等，这些统称为荷载。荷载对选择结构类型和构造方案以及进行细部构造设计都是最重要的依据。

2. 气候条件的影响：如日晒雨淋、风雪冰冻、地下水等。对于这些影响，根据具体情况，在构造上必须采用相应防护措施，如防水防潮、防寒隔热、防温度变形等。

3. 人为因素的影响：如火灾、机械震动、噪声等的影响，在构造上需采取防火、防震和隔声、吸声等的相应措施。

（二）技术条件的影响

技术条件指的是材料技术、结构技术、施工技术等。随着这些技术的不断发展和变化，相应的构造做法也在不断地发生着相应的变化，构造做法不能脱离相应的技术条件而存在。

（三）标准的影响

为了保证建筑的建造质量，做到尽可能的安全舒适，国家和各地方都颁布了相应的行业标准，比如造价标准、建筑装修标准、设备标准等。这些标准也都会影响到设计，同样会影响到构造做法。

四、建筑模数

为了提高建筑的工业化程度，使不同的材料、构配件、模板、工具、器具具有一定的通用性和互换性，提高效率，节省资源，应该遵守模数协调统一标准。

（一）建筑模数

模数是选定的尺寸单位，作为尺度协调的增值单位。为了使建筑制品、建筑构配件和组合件实现工业化大规模生产，使不同材料、不同形式和不同制造方法的建筑构配件、组合件符合模数，并具有较大的通用性和互换性，作为设计、施工、构件制作、科研的尺寸依据。

1.基本模数

基本模数是建筑模数协调统一标准中的基本数值,用M表示,1M＝100mm。

2.导出模数

(1) 扩大模数:是导出模数的一种,其数值为基本模数的倍数。扩大模数的基数为3M(300mm)、6M(600mm)、12M(1200mm)、15M〔1500mm〕、30M(3000mm)、60M(6000mm) 6个。

(2) 分模数:是导出模数的另一种。其数值为基本模数的分倍数。分模数的基数为1／2M(50mm)、1／5M(20mm)、1／10M(10mm)3个。

3.模数数列的应用

(1) 基本模数:主要用于建筑物层高、门窗洞口和构配件截面。

(2) 扩大模数:主要用于建筑物的开间或柱距、进深或跨度、层高、构配件截面尺寸和门窗洞口等处。

(3) 分模数:主要用于缝隙、构造节点和构配件截面等处。

（二）砖混结构的模数协调

为了使建筑在满足使用功能的前提下,通过模数协调尽量减小预制构配件、模板的类型,以便充分发挥投资效益。砖混结构建筑,特别是其中大面积住宅建筑必须进行模数协调。

1.定位轴线

在模数化网格中,确定主要结构位置的线,如确定开间或柱距、进深或跨度的线称为定位轴线。除定位轴线以外的网格线均为定位线,定位线用于确定模数化构件尺寸,如图所示。

(1) 承重内墙定位

承重内墙的顶层墙身中线应与平面定位轴线相重合,其中分为两种情况。

(2) 承重外墙定位

承重外墙的顶层墙身内缘与平面定位轴线的距离应为120mm。

2.标志尺寸与构造尺寸的关系

(1) 标志尺寸:符合模数数列的规定,用以标注建筑物的定位轴线、定位线之间的垂直距离(如开间、柱距、进深、跨度、层高等)以及建筑构配件、建筑组合件、建筑制品及有关设备等界限之间的尺寸。

(2) 构造尺寸:建筑构配件、建筑组合件、建筑制品等的设计尺寸,一般情况下,构造尺寸为标志尺寸减去缝隙或加上支承尺寸。

(3) 实际尺寸:建筑构配件、建筑组合件、建筑制品等生产后的实有尺寸。实际尺寸与构造尺寸之间的差数应符合建筑公差的规定。

下面列举常用的两个预制构件,具体分析标志尺寸、构造尺寸和实际尺寸的关系。

预应力短向圆孔板。这个构件的标志尺寸是3300mm,构造尺寸是标志尺寸减去90mm的构造缝隙,即3300－90＝3210mm。实际尺寸为构造尺寸±5mm,即3205～3215mm。

预制过梁。这个构件的标志尺寸为1800mm,构造尺寸是标志尺寸加上支承长度,每侧250mm,即1800＋2×250＝2300mm,实际尺寸是构造尺寸±10mm,即2290～2310mm。

左图为底层与顶层墙厚相同时采用。右图为底层与顶层墙厚不相同时采用。

定位轴线和定位线

标志尺寸和构造尺寸

标志尺寸和构造尺寸

CHAPTER 2

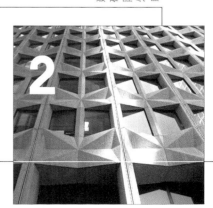

建筑墙体
砖墙
隔墙
外墙面装饰
内墙面装饰

建 筑 中 的 墙

第二章　建筑中的墙

石材墙体

红砖和预制钢筋混凝土板建造的学校。

石材墙体

粘土砖墙在中国传统建筑中是很典型的。

正在施工中的钢筋混凝土墙

第一节　建筑墙体

墙体是围合建筑的最基本组成元素之一，是室内外空间的分解，并且不同的室内空间也是由各种不同的隔墙分割形成的。

一、墙体的分类

虽然同样是墙体，但却各不相同，我们不妨对墙体进行一些简单的分类。

（一）按主要结构材料分类墙体

块材墙体、板材墙体、现浇墙体。

1.块材墙体。块材墙体就是主要由砖或砌块用砂浆等粘接材料一起垒砌而成的墙体。这是一种历史悠久而又应用广泛的墙体形式。这种墙体主要材料的制成、运输和组砌都比较方便，并且技术难度低，便于推广。但是人工劳动强度和劳动量都比较大，工业化程度低，形成的墙体整体性差（不利于抗震）等都是这类墙体的主要弱点。

作为这种墙体的主要结构材料的块材种类很多。较传统的有粘土砖和各种天然石材，现在又出现了很多，如：粘土空心砖、多孔砖、加气混凝土砌块和混凝土砌块等等。并且随着社会的进步，还会有更多更新的砌块材料问世……

块材墙体的另一种主要材料就是粘合剂。传统常用的是各种砂浆（水泥砂浆、石灰砂浆、混合砂浆）。现在也有很多用复合粘合剂，但应用都不如砂浆广泛。

2.板材墙体。板材墙体是社会工业化的产物。墙体由工厂生产的大面积板材形成，有的墙片上还带有门窗等洞口，如钢筋混凝土板材、加气混凝土板材等。但这种墙体的应用并不十分广泛，主要原因是过度的工业化会造成建筑之间的大量类同，缺少个性和地域特色。

3.现浇墙体。主要指的是现浇钢筋混凝土墙。用C20以上混凝土现场浇筑而成，内部有钢筋笼，具有强度高，防水性能好，能承重等特点，可用做地下室、层建筑的剪力墙等。

（二）按力学特点分类墙体

1.承重墙。承重墙既是承重构件,支撑其上部的荷载,如屋顶、楼板、上层墙体、梁、柱等。又可起到围护或分割空间的作用。这种墙体的下部必须有条形基础或承重墙、梁支撑。

2.非承重墙。主要是作为围护墙和隔墙存在。只要能够保证其自身的强度和稳定性要求即可,无需负担上部额外的荷载。除非墙体自身比较厚重(如二四粘土砖墙),否则墙体下部不必有条形基础或承重墙、梁支撑。

围护墙是用来抵御风、雪、雨等不利自然作用的侵袭,利用其保温、隔热、隔声、防水等性能,为我们创造较为安全舒适的室内生存空间。

隔墙把室内空间按要求分隔为若干具体的功能空间,以满足我们的使用要求。作为隔墙,强度和隔声能力是必要的。

（三）按构造特色分类墙体

1.实心墙。实心墙体就是内部不存在有特定存在目的的孔洞的墙体。主体材料只有一种的墙体称为单一材料实心墙,主体材料有两种或两种以上时我们称之为复合材料实心墙。虽然复合墙体的构造难度相对较大,但因其良好的综合性能,应用也越来越广泛。

对于复合墙体我们可以这样理解:每种材料各有其优劣特性,比如钢筋混凝土的力学性能很优秀,但保温性能却很差;而大多数的保温材料的强度都很低,无法独立构成墙体。这时如果我们用钢筋混凝土作为墙体两侧的结构和保护材料,将保温材料填充在墙体内部,共同组成墙体,就是一种典型的复合墙体。

单一材料实心墙常见的有粘土砖墙、石墙、混凝土墙、钢筋混凝土墙等;复合材料实心墙的主体结构、保护材料主要有粘土砖或钢筋混凝土;内侧的复合轻质保温板材有充气石膏板、水泥聚苯板、粘土珍珠岩、纸面石膏聚苯复合板、纸面石膏岩棉复合板、纸面石膏玻璃复合板、无纸石膏聚苯复合板等。

2.空心砖墙。用粘土空心砖、水泥空心砖竖向孔洞砌筑,砌筑时砖与砖之间不留空隙,利用砌块本身的孔洞,使墙体达到减轻墙体自重,提高保温性能的目的。这种墙体主要用于框架结构的外围护填充墙以及隔墙。

3.空心墙。有两片独立的墙体按一定的间距(100～200mm)共同组成的墙体,具有良好的隔声、保温性能,而且比较经济,只是对施工精度要求比较高,尤其是在隔声要求很高的情况下,两片墙体之间绝对不可以有刚性的连接部分,否则其隔声效果将大受影响。音乐厅等对隔声要求比较高的建筑多采用这种墙体。

（四）按所处位置不同分类墙体

墙体按所处位置是否有暴露于室外的部分,分为外墙及内墙。另外沿建筑进深方向的墙体称为横墙,沿开间方向的墙体称为纵墙。

外保温复合墙体

空心砖墙与实心砖墙

双层空心墙体构造示意

墙体按位置分类的名称

全国热工分区图

没有保温的外墙柱
如果在北方，冬季一定
会发生冷桥现象

有保温的外墙柱
用在北方，冬季一般不
会发生冷桥现象了

外墙柱的保温

二、墙体的热工

作为建筑的维护结构，外墙要保证室内环境的舒适度，其中最受关注的是温度，过冷或过热都不够好。比如北方地区的冬季，为了保证室内的温度，就必须尽量减少室内热量的散失。

还有，热工设计并不只是温度的问题，还有比如凝结水的问题，我们都知道水蒸气遇冷会凝结成水滴，无论是墙体的表面，还是墙体的内部，我们都不希望有凝结水的产生，以保证墙体的保温性能、墙体的结构强度和墙面的美观等。

（一）建筑热工设计分区及相关要求

在某一特定的自然、地理区域内，其气候状况是相似的。那么我们就可以在这一区域内采取相似的热工设计手段。这会带来很多的便利。据此我们将全国划分为五个建筑热工设计分区。

1. 严寒地区。如黑龙江、内蒙古，需加强建筑物的防寒措施，不考虑夏季防热。

2. 寒冷地区。如吉林、辽宁、山西、河北、北京、天津及内蒙古的部分地区，以满足冬季保温设计为主，适当兼顾夏季防热。

3. 夏热冬冷地区。如长江下游、两广北部，必须满足夏季防热，适当兼顾冬季保温。

4. 夏热冬暖地区。如两广地区南部、海南省，必须满足夏季防热，不考虑冬季保温。

5. 温和地区。如云南省大部分地区、四川东南部地区，部分地区考虑冬季保温，一般可不考虑夏季防热。

（二）墙体的保温

严寒和寒冷地区的冬季室内生活空间是需要采暖的，要求这里的建筑外墙具有足够的保温能力，以减少热量的损失。

提高外墙保温能力，一般有三种做法：

1. 增加外墙厚度，可以达到保温的目的。但这种做法会增加墙体自重，浪费墙体材料，占用建筑面积，使有效空间缩小等。所以北方地区粘土砖外墙一般为370mm厚，厚度再增加就不经济了。

2. 如果是非承重的围护墙，选用孔隙率高、密度轻的材料做外墙，可以有效地提高墙体的保温能力。如加气混凝土、空心砖等。这些材料导热系数小，保温效果好，但是强度不高，不能承受较大的荷载，一般用于框架填充墙等。

3. 采用复合墙，复合墙（保温材料＋结构材料）可以解决保温和承重双重问题，是北方保温外墙的发展趋势。

（三）关于凝结水

在中国北方，外墙出现凝结水是一个不小的问题。凝结水可能存在于外墙的内表面或内部。

如果凝结水存在于外墙的内表面，就容易造成墙面的潮湿霉变。这种凝结水多是由于"冷桥"现象形成的。冷桥在这里指的是由于某种原因造成墙体局部的保温能力明显低于周边的部分，致使该部位的内表面温度低于周边墙面的温度，结果就造成水蒸气在这一部位集中凝结。冷桥的成因很多，比较常见的是由于混凝土梁、柱的保温能力差，如果没有额外的保温处理，就会形成典型的冷桥。解决的办法就是进行一些保温处理。

至于墙体内部的凝结水，多是由于墙体某些部位的密实度不够，当室内的暖湿空气通过墙体内的空隙向外渗透时，水蒸气在墙体内部遇冷凝结，产生凝结水。这种凝结水会使外墙的保温能力明显降低，严重的会因为水的冻涨作用而造成墙体结构的破坏。

解决的办法主要就是增加墙体的密实度，减少水蒸气通过墙体的渗透。此外可以在墙体外侧加设保温层，增强墙体的保温能力。如果室内的湿度很大时，可以在室内高温一侧设置隔蒸气层，隔绝水蒸气的渗透途径，隔气层的材料可以是通常的防水材料，如防水涂料、防水薄膜或卷材等。

（四）关于空气渗透

我们所说的空气渗透有两方面含义。一方面是由于风压作用，室外的冷空气通过围护结构内的孔隙渗透到室内。另一方面是室内的温暖空气在热压的作用下渗透到室外。这两方面对保温都是不利的，同时也会令人很不舒服。因此我们必须想办法避免和减少空气渗透，风压和热压是必然存在的，唯一的解决机会就是墙内的孔隙。孔隙产生的原因是多方面的，比如说有的墙体材料本身就不十分密实，比如不同的材料、构件间的连接处也比较容易出现缝隙等等。针对这些情况，我们可以采取一些措施，比如选用密实度高的墙体材料加强接缝处的密封处理，或者在墙体的表面附加装饰层等等，都可以不同程度的改善不良的空气渗透现象。

（五）夏季防热

一般来说，对于北方寒冷地区，其冬季的保温构造措施就足以满足夏季的防热要求。而对于炎热地区，其夏季太阳辐射强烈，室外热量通过外墙传入室内，使室内温度升高，产生过热现象，影响人们工作和生活，甚至损害人的健康。因此外墙应具有足够的隔热能力，一般可采取以下措施：

1. 外墙选用热阻大、重量大的材料，例如砖墙、土墙等，使外墙内表面的温度波动减小，提高其热稳定性。

2. 外墙表面选用光滑、平整、浅色的材料，以增加对太阳的反射能力。

3. 总平面及个体建筑设计合理，争取良好朝向，避免西晒，组织流畅的穿堂风，采用必要的遮阳措施，搞好绿化以改善环境小气候。

外墙梁的保温

悬挑楼板的下层保温。北方所有的下部悬空的楼层地板都面临着这样的问题——脚感冰冷，且容易结露，也属于冷桥现象。在楼板下部作适当的保温是可行的办法。

北方外墙冬季传热过程图，虚线和实线的交叉点就是墙内结露的临界点，我们必须尽量避免。

三、墙体的隔声

我们生存的环境中,到处充斥着各种不同的声音。这些声音中有些是我们想听到的,有些是我们讨厌的、不想听到的——我们可以称之为噪声。为了获得较为舒适的生存空间,尤其是室内空间,我们要将噪声控制在一定强度范围以内。控制噪声源是有效的办法,但当我们对有些噪声源无能为力时,就只好想办法控制它的传播了。

噪声的传播主要有空气传播和固体撞击传播。墙体主要隔离由空气直接传播的噪声。空气声在墙体中的传播途径有两种:一是通过墙体的缝隙和微孔传播,二是在声波作用下墙体受到震动,声音透过墙体而传播。控制噪声,通常我们可以对墙体采取以下措施。

1. 加强墙体的密缝处理:如墙体与门窗、通风管道等缝隙进行密缝处理,以减少噪声通过孔洞的传播。

2. 增加墙体密实性及厚度,避免噪声通过孔隙穿透墙体或通过墙体震动传播。砖墙的隔声能力是较好的,比如120mm厚砖墙空气隔声量为45dB,240mm厚砖墙空气隔声量为49dB。墙厚增加1倍,隔声量才提高3dB,显然,依靠增加墙体的厚度来提高隔声量的办法是不经济也是不科学的。

3. 采用有空气间层或多孔性材料填充层的夹层墙。由于空气或玻璃棉、轻质纤维等多孔材料具有减震和吸声作用,从而提高了墙体的隔声能力,空气间层的厚度以80~100mm为宜,而多孔材料一般应放在靠近声源的一侧。

将噪声控制在什么程度才合适呢?越小越好的说法显然是不科学也没有必要的。对此我们国家制定了很详细的标准,比如城市住宅42dB(dB:分贝为声音强度计量单位),安静的教室38dB,无人的剧场34dB等。

围护结构的隔声量计算公式:

围护结构的隔声量(dB)=室外噪声级(dB)-室内允许噪声级(dB)

$$R = L - L0$$

即经过隔声处理,保证室内的噪声在规范规定的允许范围之内。

四、墙体的变形缝

建筑看起来很坚固,但实际上无论什么样的建筑都从未停止过变形,这种变形通常很细微,很难察觉,但这种变形会在结构体内部产生很大的应力,一旦累积到一定程度,就会对建筑造成破坏。为防止这种破坏,我们在设计时事先将建筑划分成若干个独立的部分,使各部分之间能自由的变形而不会破坏。这种将建筑物垂直分开的预留缝称为变形缝。

变形缝包括伸缩缝、沉降缝和防震缝三种。作用是保证房屋在温度变化、基础不均匀沉降或地震时能有一定的自由变形能力,以防止墙体开裂、结构破坏。

1. 伸缩缝。也叫温度缝。像所有物体一样,随着季节温度的变化,建筑物会发生热胀冷缩的现象。为防止建筑构件因热胀冷缩产生温度盈利,使房屋出现裂缝或破坏,在沿着建筑物长度方向按一定距离预留垂直缝隙。伸缩缝是从基础顶面开始,将墙体分成若干段,而基础不必断开;伸缩缝间距为60m左右;伸缩缝的宽度为

20~30mm,缝内应填保温材料。

2. 沉降缝。由于建筑的自重,在其建造和使用的过程中,会将地基下的土层压实,而产生下降,这种现象叫做沉降。当建筑物各部分的自重不同,比如高层建筑的塔楼和群房,或者建筑跨在不同承载力的地基之上,不同部位的沉降大小不同,就产生了不均匀沉降的现象。沉降缝的作用是防止因建筑物的不均匀下沉而造成的破坏,一般从基础底部断开并贯穿建筑物全高。沉降缝的两侧应各有基础和砖墙,使两侧成为各自独立的单元,可以垂直自由沉降。

沉降缝的设置原则:建筑物的体型比较复杂,在建筑物平面的转折部位,建筑的高度和荷载差异较大。过长建筑物的适当部位,地基土的压缩性有显著差异处。建筑物的基础类型不同以及分期建造房屋的交界处,都应设置沉降缝。沉降缝的宽度:2、3层50~80mm,4、层80~120mm,6层以上不小于120mm。

3. 防震缝。当建筑的形体、结构方面变化时,在地震力的作用下不同的形体与结构的震动规律不同,就会在形体与结构变化的部位产生很大的应力,使建筑遭到破坏。为了防止地震中的这种破坏,要设置防震缝,一般在地震烈度7~9度的地区设置。

防震缝的设置原则:房屋立面高差在6米以上。房屋有错层,并且楼板高差较大。各组成部分的刚度截然不同时。

最小缝隙尺寸50~100mm;高层建筑物的防震缝的宽度按建筑总高度的1/25考虑。缝两侧应有墙,缝隙从基础顶面开始,贯穿建筑物的全高。

人体能够感受冷风渗透、空气对流、墙体自身热传递等带来的热量交换。

声音可以通过墙体自身的震动,沿着墙体在建筑内部传播,且传播的范围很广。

建筑变形缝处的常见做法。

声音可以通过墙体上的孔洞向外传播。

声音可以通过墙体上的空调等贯通孔洞向相邻空间传播。

建筑墙身变形缝

砖墙的砌筑

砖墙厚度尺寸

第二节 砖 墙

砖墙的历史悠久,有很多优点,比如保温、隔热及隔声的效果好,具有防火和防冻性能,有一定的承载能力,并且取材容易、生产制造及施工操作简单,不需大型设备;当然也有缺点,主要体现在不能适应时代的发展,比如人工劳动强度大、工业化程度低,施工速度慢,墙身自重大等,特别是粘土砖的生产破坏农田,在大多数城市已经限制使用,并将逐渐被其他材料所取代。

一、砖墙的材料和尺寸

普通粘土砖墙的主体结构材料是砖,还有就是作为粘合剂将砖砌筑在一起的砂浆。

这里的砖通常指的是最常用也是最传统的粘土砖,其他的还有灰砂砖、水泥砖等。各种材质的砖又有实心砖、空心砖和多孔砖等形态。并且随着技术的进步,各种新材质、新形态的砖还会不断产生。

作为粘接材料的砂浆,常用的有水泥砂浆、石灰砂浆和混合砂浆三种。水泥砂浆强度高,防潮性能好;石灰砂浆和易性好,强度、防潮均差;混合砂浆有水泥、石灰、砂拌合而成,有一定的强度,和易性也好,所以应用广泛。

标准砖的规格是240mm×115mm×53mm,砖与砖之间的拼缝约为10mm左右,以此为基础经过不同的组合可以形成各种厚度的砖墙,如:半砖墙(120mm)、一砖墙(240mm)、三七墙(370mm)、四九墙(490mm)等。

二、墙体的细部要点

墙体在砌筑的过程中,除了要保持整体的平整、稳固之外,有些细节部位必须经过特殊的处理,否则会出现一系列相应的问题。这些重点部位包括墙脚、洞口和檐部。

(一)墙脚

墙脚是指室内地面以下,基础以上的这段墙体。由于砖墙本身存在很多孔,以及墙脚所处的位置常有地表水和土壤中水的渗透。尤其是由于虹吸作用致使墙身受潮,饰面层脱落,影响室内生环境,造成墙体破坏……因此,必须做好墙脚处的防潮,增强其坚固及耐久性

1.防潮层

防潮层的作用：防止土壤中的水由于虹吸作用，沿墙爬升，致使墙身受潮、饰面层脱落，影响室内环境卫生，严重的可致使墙身破坏。

防潮层的位置：应在室内地坪与室外地坪之间，以有防水作用的地面垫层中部为最理想。以能够防止地下水沿墙爬升为原则。

防潮层的做法：一般来说我们多用防水材料来做防潮层。

防水砂浆防潮层：砌砖时在须做防潮层的位置上抹一层20mm厚的防水砂浆（1：3水泥砂浆加 5％ 防水剂）作为防潮层，适用于抗震设防地区。

防水卷材防潮层：在防潮层部位先抹20mm厚的砂浆找平层，然后铺上防水卷材。卷材的宽度应与墙厚一致或稍大一些。防水卷材虽然防潮较好，但使基础墙和上部墙身断开，发生地震时墙体可能会在该部位发生相对侧移，从而减弱了墙身的抗震能力。

细石混凝土防潮层：由于混凝土本身具有一定的防潮性能，常把防水要求和结构做法合并考虑。即在室内外地坪之间浇筑60mm厚的细石混凝土防潮层，内放φ4@250mm的钢筋网片。

如果墙角结构采用不透水的材料（如条石或混凝土等），或采用钢筋混凝土地圈梁时，可以不设防潮层。

2.勒脚

外墙墙身下部靠近室外地坪的部分就叫勒脚。该部位一般要进行特殊的处理，其作用是防止地面水、屋檐滴水侵蚀墙面，保证室内干燥、提高建筑物的耐久性，同时美化建筑外观。

防潮层的位置——当墙体两侧地坪等高时

防潮层的位置——当室内地平高于室外地平时

砖墙的石材勒脚

随着很多高强度、防水的外墙饰面材料的大量应用，勒脚的功能与形态已经弱化了。

防潮层的位置——当室内地平低于室外地平时

石砌墙脚不用再作防潮层，因为石材本身就有防潮的性能。

勒脚一般是采用防水、耐磨、强度较高的材料制成，常用做法有抹水泥砂浆、水刷石、加大墙厚、贴天然石材等。

勒脚高度一般为室内外地坪高差或根据立面效果需要确定。

3.散水与明沟

散水或明沟的作用是迅速排除从屋檐滴下的雨水，防止因积水渗入而破坏地基。

散水指的是靠近勒脚下部的水平排水坡。散水的宽度以600～1000mm为宜。当屋面采用无组织排水时（屋顶有挑檐），宽度可按檐口线放出200～300mm。散水的坡度为3%～5%。当散水采用混凝土时，需要按20～30m间距设置伸缩缝。散水与外墙间要设缝，缝宽可为20～30mm，缝内填沥青类材料。散水面层材料有细石混凝土、混凝土、水泥砂浆、卵石、块石、花岗岩等。散水垫层材料有3∶7灰土、卵石灌砂浆等。

明沟是靠近勒脚下部设置的水平排水沟。一般在年降水量为900mm以上的地区选用。沟宽一般为200mm，沟底应有0.5%左右的纵坡，以利于水的排除。常用材料有砖、混凝土等。

4.踢脚

踢脚是外墙内侧、内墙两侧的墙体下部和室内地坪交接处的构造。它的原始目的是防止清洁地面时污染墙面。

踢脚高度一般为120～150mm。所采用的材料一般与地面材料类似，有水泥砂浆、水磨石、木材、缸砖、油漆等，也可以是一些新型材料，如不锈钢等。

（二）洞口

1.洞口尺寸

砖墙洞口主要是指门窗洞口，其尺寸应按模数协调统一标准制定，这样可减少门窗规格，有利于工厂化生产。国家及各地区的门窗通用图集都是按照扩大

模数3M的倍数为宜，因此一般门窗洞口宽、高的尺寸采用300mm的倍数。例如：600mm、900mm、1200mm、1500mm、1800mm等。

2.门窗过梁

为承受门窗洞口上部的荷载，并把它传到门窗两侧的墙上，以免压坏门窗框，在门窗洞口上部需要加设过梁。

门窗的过梁主要有三种：钢筋混凝土过梁、钢筋砖过梁、砖砌平拱。

钢筋混凝土过梁。其承载能力强，可用于较宽的洞口。并且预制钢筋混凝土过梁的现场施工速度快，比较常用。过梁的预制可以在工厂也可以在施工现场。

过梁的长及高均和洞口尺寸有关，梁高应按结构计算确定，同时应配合砖的规格。过梁两端搁入墙内的长度不小于240mm。因为钢筋混凝土的导热系数大于砖，在寒冷地区为了避免在过梁内

散水是降水量不是很大的地区用来防止雨水在墙脚部分积存的一种处理措施。其宽度一般在600～800mm，呈一定的向外的坡度，面层为防水材料。

明沟是降水量较大的地区用来防止雨水在墙脚部分积存的一种处理措施。其沟槽的宽度一般在200mm左右，沿沟体方向呈一定的纵向坡度，沟内面层为防水材料。

墙面下的不锈钢踢脚

钢筋混凝土过梁是现代建筑中应用最广的一种过梁形式，能够适应较大的洞口宽度，且施工简便，造价也不高。

内墙或温暖地区等处的门窗过梁，不需考虑冷桥问题。

做了保温处理的外墙门窗过梁，解决了冷桥的问题，适用于北方寒冷地区的外墙。

钢筋砖过梁，在洞口上部砌砖时加入一定量的钢筋，形成过梁。钢筋砖过梁的配筋方式。

砖砌平拱,这是小洞口过梁的一种较为经济的解决方式。

女儿墙建筑

挑檐建筑不仅有利排水,还有很强的造型作用。

表面因冷桥现象而产生凝结水,采用L型过梁使外露部分的面积减小,或把过梁全部包起来。

钢筋砖过梁。在洞口顶部配置钢筋,形成能受弯矩的加筋砖砌体。钢筋直径6mm,间距小于120mm,钢筋伸入两端墙内不小于240mm。用水泥砂浆砌筑。高度不小于5皮砖,且不小于洞口宽度的1/4。最大适用跨度为2m。

砖砌平拱。将砖侧砌而成,灰缝上宽下窄使侧砖向两端倾斜,相互挤压形成拱的作用,两端下部伸入墙内20~30mm,中部的起拱高度约为跨度的1/50。用于非承重墙上的洞口,最大跨度为1.2m。

(三) 檐部

屋顶要承接雨水,要使雨水顺利地排掉,又不会污染墙面,所以要对屋顶与外墙的相交部位檐部进行处理,通常的做法有挑檐和女儿墙两种。

1. 挑檐多采用预制或现浇钢筋混凝土,挑出尺寸以500mm左右为宜（根据建筑整体形式的要求可以适当加大）。挑檐做法使落在屋顶上的雨水从挑檐边缘向四周自由下落,这种屋面排水方式叫做无组织排水。

挑檐的形式有两种,一种是挑檐与屋面结构层连为一体,即通过楼板的悬挑形成挑檐,楼板可以是预制的也可以是现浇的钢筋混凝土楼板。另一种是用独立的挑檐板形成挑檐,挑檐板一般要与圈梁或挑檐梁连为一体,以保证其稳定。

2. 女儿墙是墙身在屋面以上的延伸部分;其厚度可以与墙身一致,也可以使墙身适当减薄;高度:不上人屋面不小于800mm;上人屋面不小于1300mm。由于女儿墙的限制,雨水在屋顶上汇集,并通过一定数量的雨水管将雨水排掉,叫做有组织排水。

圈梁，能增强砖混结构建筑的整体性以及抗震能力。

女儿墙处的构造主要解决的就是排水和防水的问题。

门垛和壁柱的一般形态和构造。

照片中墙面上的白色部分，水平的为圈梁，竖向的为构造柱。

三、砖墙的加固

由于砌体结构的墙体整体性与稳定性差，所以在抗震设防等级高的地区，尤其是对于多层建筑，常常要采取一些措施增强墙身的强度和稳定性，更好地满足抗震要求。

（一）利用门垛或加设壁柱

在墙体上开设门窗洞口时，特别是墙体转折处或丁字墙处，设置门垛用以保证墙身稳定和门框的安装，门垛厚度与墙厚相同，长度一般为120mm或240mm，过长会影响室内空间的使用。

当墙体受到集中力作用或墙体过长时（如240mm厚，长度超过6m），应增设壁柱（扶壁）和墙体共同承担荷载和稳定墙身。通常壁柱凸出墙面120mm或240mm，壁柱宽370mm或490mm。

（二）增设圈梁

我们都知道，砌筑墙体不是一个整体，为了增强其整体性，可以沿墙内的某一高程用钢筋混凝土做一圈封闭的梁，就像一道环将墙体连成一个整体。

圈梁的作用是增加房屋的整体刚度、稳定性、整体性。减轻地基的不均匀沉降对建筑可能造成的破坏，更重要的是抵抗地震力的影响。

圈梁设在房屋四周外墙及部分内墙中，处于同一水平高度，上表面与楼板水平，像箍一样把墙箍住，将墙体连接成一个整体。

左图为钢筋混凝土基础中的基础圈梁,右图为刚性基础中的基础圈梁。

构造柱的基本配筋方式。

构造柱的施工是先砌墙后浇注混凝土,并且砖墙要砌成"五金五处",以便于混凝土紧密的咬合成整体。

圈梁和构造柱是紧密联系在一起的。

钢筋混凝土圈梁的断面宽度为墙厚的2/3,且不小于240mm,高度一般为180mm或240mm,内配钢筋笼。

钢筋混凝土圈梁被门窗口截断时,应在洞口部位增设相同截面的附加圈梁,附加圈梁与圈梁的搭接长度不应小于其垂直间距的两倍,并不小于1m。

(三)增设构造柱

构造柱的作用是与圈梁连接,形成三维的封闭骨架,是增强房屋整体性、提高抗震能力的有效措施。

构造柱一般设在外墙四角,大房间横纵墙交接处,较大洞口两侧或错层部位墙体交接处。

构造柱的最小断面是240mm×180mm。

构造柱的构造要点:施工时,先放构造柱的钢筋骨架,再砌砖墙,最后浇筑混凝土。构造柱两侧的砖砌体应做到"五进五出",即每300mm高伸出60mm,每300mm高再收回60mm。构造柱外侧应该

有120mm厚的保护墙,尤其是在北方地区可以有效地减轻冷桥现象。构造柱的下部应伸入地梁内,无地梁时应伸入室外地坪下500mm处。构造柱的上部应伸入顶层圈梁,以形成封闭的骨架。为加强构造柱与墙体的连接,应沿柱高每8皮砖(500mm)放2Φ6钢筋,且每边伸入墙内不少于1m。每层楼面的上下和地梁上部的各500mm处为箍筋加密区,加密至100mm。

第三节 隔 墙

一、隔断墙的设计要点

建筑中不承重、只起分隔室内空间作用的墙体叫隔断墙。通常把到顶的叫隔墙，不到顶的叫隔断。

隔断墙原则上应愈薄愈轻愈好，以减轻对楼板的荷载，增加建筑的有效空间。但同时应满足其自身的强度、稳定性的要求。特别注意与承重墙的连接部分。此外，隔断墙要满足隔声、耐水、耐火等使用要求。

二、常用隔墙

隔墙的种类很多，按其构造方式可分为：块材隔墙、轻骨架隔墙、板材隔墙三种。

（一）块材隔墙

块材隔墙是一种比较传统的隔墙，用各种砖或砌块垒砌而成。以粘土砖隔墙为例，常用到的墙厚有１２０ｍｍ、240mm两种，采用普通粘土砖或粘土空心砖砌筑，也可以同时用这两种砖砌筑。用普通粘土砖砌筑墙体的周边及突出部分，以增强墙体的抗碰撞能力及稳定性。这种墙体可以基本满足隔声、耐水、耐火等要求。

为了加强墙体稳定性，我们可以采取一些措施。①隔墙与承重墙连接处做拉接筋。②隔墙上部与楼板连接处立砖斜砌。③隔墙上有门时，用预埋件将墙与门框拉接牢固。④墙体达到高3m，长5.1m时，应每8～10皮砖砌入一根φ6钢筋，以增加墙体的整体性。

（二）轻骨架隔墙

轻骨架隔墙是一种轻质隔墙，由骨架和面层两部分组成。由竖向的承重主龙骨和横向的次龙骨构成。主龙骨的断面大小和间距要根据面板的尺寸、重量等材质特性以及墙体的尺度确定，而次龙骨的间距主要取决于面板的尺寸和墙面的设计分格装饰线的间距。常用的骨架有木骨架和型钢骨架。常见的面层有抹灰面层和饰面薄板（胶合板、纤维板、石膏板和天然石板等）面层。

龙骨与板材的连接方式主要有贴面式、嵌板式和干挂式三种。

贴面式是将板材贴于龙骨表面，龙骨全部隐藏在面板的后面。常用的固定方式根据板材和龙骨的特性，可以用黏合剂粘贴和螺栓固定。嵌板式是将板材置于龙骨中间，龙骨显露于墙面形成分格。干挂式是利用挂件将面板卡在龙骨上，做法及效果类似于干挂石材。

轻骨架隔墙的厚度一般在80mm～200mm之间，以石膏板隔墙为例，石膏板单层板拼装厚度有８０ｍｍ、１０５ｍｍ、１３０ｍｍ。石膏板双层板拼装厚度有150mm、175mm、200mm。

（三）板材隔墙

板材隔墙是指单板高度相当于房间净高，有一定宽度的板材，不依赖骨架，直接装配而成的隔墙。现在，大多数的板材隔墙还处在试验、推广阶段，有一些相对成熟的，已经有了较广泛的应用。这种隔墙根据所采用板材的不同，常见的有以下几种：

1. 加气混凝土板隔墙。板厚100mm左右，轻质多孔易于加工，可以现场切割。拼装时，可以用水泥砂浆，也可以用建筑胶粘接。

2. 钢筋混凝土板隔墙。板材的形状比较自由，可根据要求进行预制，可以在上面开洞口或预制洞口。板材的连接是利用其上的预埋件焊接。

3. 碳化石灰空心板隔墙。磨细生石灰＋玻璃纤维；厚度100mm。

4. 泰柏板隔墙。即钢丝网泡沫塑料水泥砂浆复合墙板。以钢丝网笼为构架，填充泡沫塑料芯层、表面水泥砂浆。其特点为重量轻、强度高、防火、隔声、不腐烂。基本产品规格2440mm×1220mm×75mm，抹灰后的厚度100mm。

5. GY板隔墙。即钢丝网岩棉水泥砂浆复合墙板。以钢丝网笼为构架，填充岩棉板芯层，表面水泥砂浆。其特点为重量轻、强度高、防火、隔声、不腐烂。产品规格2400～3300mm×900～1200mm×55～60mm。

心砖墙体的砌筑要考虑边角处的加固，以及增强墙
的整体性和稳定性。

空心砖墙体，注意墙体的周边处理。

板材隔墙

板材隔墙的立面

土砖隔墙要注意大面积墙体的稳定性，以及墙体顶
的处理。

龙骨板材隔墙

板材隔墙中的板材

师生互动

学生：老师您讲到了砖和混凝土的应用和发展，这好像是两种建筑材料，那我们想学习、了解更多的材料
识，我们该从何入手呢？

老师：关于材料创造性应用的较全面介绍的书籍现在是没有的，我想也不会有，能够系统成书的应用，应
尤已经不具备创造性的特质，也就是说很多"昨天"的创造性，到了"今天"就变成很普通了。原本不可想
的材料应用，随着时间、技术的发展进步，都会变得可能。

就大家的学习而言，我想时刻留心身边的现状，也就是你随处可见的各种材料，及它们的各类应用，遇到
原本的认识有差异，尽量想办法找出其中的原因和这种应用的优、缺点，把它记录下来，如果你足够细心，
土一段时间，你就有能力游刃有余地自由创作了。

第四节 外墙面装饰

一、外墙面装饰功能及分类

（一）外墙面装饰的基本功能

1. 保护墙体。

2. 改善墙体物理性能（保温隔热、防潮、隔声等）。

3. 美化建筑立面。

（二）外墙面装饰的分类

根据所采用的装饰材料、施工方式和本身效果的不同，墙面装饰可划分为六类：①抹灰类装饰。②石渣类装饰。③贴面类装饰。④板材类装饰。⑤清水墙装饰。

二、外墙面装饰做法

（一）抹灰类装饰

抹灰类装饰的主要材料有水泥砂浆和混合砂浆。它的构造层次一般分为粗底涂、中底涂、抹灰面层。它们相应的厚度要求与构造特点如下：

1. 粗底涂

砖墙面的粗底涂厚10mm，涂前湿润墙面。

混凝土墙面的粗底涂一般要进行表面处理（凿毛、甩浆、划纹或涂刷渗透性较好的界面处理剂）后才可进行。

加气混凝土墙面的粗底涂是先涂一层水泥浆（107建筑胶水＋水＋水泥）后进行。或墙面满钉孔大30mm左右、直径0.7mm的镀锌钢丝网后进行，其特点为效果好，整体刚度强，不易开裂脱落。

2. 中底涂

中底涂的主要作用是找平，根据装饰标准的不同可做一层或几层。其用料与粗底涂基本一致。

3. 抹灰面层

抹灰面层的材料为水泥砂浆（1:2.5～1:3），可以防水、抗冻。现在更多的是在面层的基础上再粉刷外墙涂料，其质感和色彩可以有多种选择。

抹灰类的墙面一般都要做引条线，就是将饰面分块的线条。其主要的作用是防止材料因干缩或冷缩开裂，以及施工接槎、维修方便，此外还可以丰富立面……引条线一般是凹缝，做法请见图。

抹灰面层主要的质量问题是裂缝、空鼓、花脸。裂缝的原因一般是水泥比例高、骨料粒径过小或砂浆过厚等。避免的办法是选用砂浆比例1:2.5～1:3、骨料粒径0.35～0.5mm，每层的厚度10mm左右。空鼓的原因一般是面层与中底涂间粘接不牢，可能是抹灰前淋水不匀或两层收缩变形系数不一样等原因造成的。只要做到沙骨料粒径稍大、底层表面粗糙就会有很大改善。花脸的原因主要是水泥水化不均匀或有盐析作用。一般来说这种现象消除不太容易，但加疏水剂可以有所改善。

（二）石渣类装饰

石渣类墙体饰面是将细碎的石渣同水泥拌和在一起，以水泥为胶凝材料，最终在墙面上显露出石渣的色彩和质感。一般有水刷石、干粘石、斩假石等几类具体做法。这类墙面比抹灰类墙面耐光[污]好，色泽明亮，质感丰富，装饰效果好。

石渣类墙面的基本构造层次与抹灰类墙面相同，只是面层显露石渣。石渣[可]选用天然大理石、白云石、方解石、花[岗]岩、彩色陶粒等。其粒径有大八厘8mm、中八厘6mm、小八厘4mm、米粒石2～4mm，也可用粒径30mm以上的卵石骨料，只是其呈现的效果会有所不同。另外，[与]抹灰类墙面一样，石渣类墙面也要做[引条线]。

抹灰涂料饰面

抹灰类墙体饰面的构造层次

抹灰类墙体饰面的引条线做法

斩假石的雕凿

某住宅楼面砖装饰

石渣类墙体饰面效果

斩假石的效果

施工中的面砖装饰

A 磁质瓷砖的外墙面粘贴构造
B 半磁质瓷砖的外墙面粘贴构造
C 马赛克瓷砖的外墙面粘贴构造

图 2-4-10 面砖的粘贴

马赛克的粘贴

石渣类墙体饰面的构造层次

条分隔线。

1.水刷石墙面的面层做法是以 1:1 以上水泥、石子拌和料涂抹墙面，待表面初凝后，用喷水枪冲刷墙面一层水泥，致露出石子到满足要求为止。

2.干粘石的墙面效果类似水刷石，具体做法是先涂抹 5mm 厚粘接砂浆，再向上喷射石子（3~5mm）。特点是不用水冲，节省水泥、省时，施工现场较整洁。但石渣易脱落，平整度、色泽不如水刷石的好。

3.斩假石、剁斧石是模仿天然石材的效果，就是将石渣同水泥的拌和料预制成砌块或直接涂抹于墙体表面，待其硬化成型后，用斧具雕凿其表面，模仿天然石材的肌理。根据雕凿方法的不同，表

面肌理有棱点剁斧、花锤剁斧、立纹剁斧等多种。

（三）贴面类装饰

贴面类墙体饰面是将规格和厚度较小的块料粘贴到墙体底涂或基层上的一种装饰做法。常用的材料有陶瓷制品，如瓷砖、面砖、马赛克，小规格天然石材薄板（边长 300mm 以内，厚度 10mm 左右，形状规则或不规则）。外墙的贴面类装饰，要求坚固耐久、色泽稳定、耐腐蚀、防水、防火和抗冻。

陶瓷制品的吸水率应当适当，吸水率高，粘接的牢固程度高，但是抗冻性、抗污染能力差，吸水率低，抗冻性、抗污染能力强，但是粘接的牢固性差。

外墙面砖是现在应用最广泛的外墙装饰材料之一。面砖的着色方法分为釉下彩、釉上彩。釉下彩色彩种类较少，釉上彩色阶较丰富，但色彩附着力差，时间久了可退色、掉色。外墙面砖的背面有凹槽，可以保证与墙体粘接得更牢固。

马赛克（锦砖）主要有玻璃和磁质的两种，制成的片状小方块（约 20 × 20mm），为了便于施工，事先将其贴在 303 × 303mm 的牛皮纸上。

镶贴方法与工序：墙上弹线→纸板的马赛克上满刮 1~2mm 厚白水泥胶水浆→弹好线的墙上喷水→纸板贴到墙上，轻拍，直至胶浆挤满块缝→初凝后，湿润纸面，揭纸，拨正斜块→凝结后，擦洗马赛克表面。

（四）板材类装饰

1.板材的种类

板材的种类有天然大理石、花岗岩、青石板、人造石等。大理石是变质岩，宜用于室内饰面。花岗岩是火成岩，抗酸碱、抗风化，耐用期可达100～200年。青石是水成岩，片状、松散、成风化状，山野风化特色。还有就是一些人造的预制板材，如混凝土板、钢板等。板材的厚度一般为20～40mm。

2.饰面板的安装

(1)贴。小规格板材（边长小于400mm，厚度10mm），与面砖铺贴方法基本相同。

(2)挂。大规格板材（边长500～2000mm），亦有绑扎法、干挂法。

绑扎法：当板较薄时，用金属丝绑扎固定板边的粘贴方法。①焊接或绑扎钢筋骨架。②板材侧面钻孔打眼，牛鼻孔、斜孔。③绑扎安装：将金属丝穿入孔内，将板就位，自下而上安装，将金属丝绑在横筋上。④灌浆：分层灌注（整体性）。⑤水泥色浆嵌缝，边嵌边擦干。

干挂法。干挂法是利用专门的卡件，将石材固定在墙面上的方法。这种方法没有水泥等湿作业，且石材与墙面之间有一定的空隙。这种方法有很多优点，比如说较绑扎法平整光洁，因为没有湿作业，也就不会有水渍产生等等是现在应用最为广泛的一种方法。

构造工艺的要点是：①在墙基上预埋铁件，焊接龙骨。②板材侧面开槽，槽的形势与所选用卡件相对应。③将卡件固定在龙骨上，然后将板材就位，调平后固定即可。

3.板材交接处的构造

板材交接部的细部构造最显技术难度，主要体现在水平接缝、凹凸错缝、阴阳角的接缝等处。

（五）清水墙装饰

墙体筑成之后，墙面不加其他覆盖性装饰面层，只利用原结构表面进行勾缝或模纹处理。

有清水混凝土、清水砖墙等。

（六）特种墙面装饰

墙面装饰还有很多种形式无法用以上这几种形式来概括，而这些形式又多是极富创意的、非传统的，观之令人耳目一新……

外墙饰面板材绑扎粘贴法的邦扎钢筋骨架做法示意

外墙饰面板材绑扎粘贴法的节点连接示意

石材干挂法的石材准备

石材干挂法的构件及安装

石材干挂的施工过程

银色的铝板幕墙与石材幕墙相结合

墙面上的金属框架装饰，给爬藤植物提供了生长的机会。

富于雕塑感的清水砖墙面

层次丰富的金属板墙面装饰。

富于雕塑感的清水混凝土墙面

白钢制成的特色墙面装饰。

板材饰面转角处的接缝处理

墙角（阳角）的保护方法——抹灰前在墙角上先做暗的水泥或金属护角条，最后再用粉刷抹平。

墙角（阳角）的保护方法——将墙角做成圆角或斜角。

046 墙角（阳角）的保护方法——在墙角上做明露的不锈钢、黄铜、铝合金、橡胶的护角。

涂料类装饰之组合滚涂饰面做法,利用磙子上的基本图案模型,在有一定厚度的涂料上连续滚压,形成一定规律的凸凹图案。

罩面板装饰的板缝处理:斜接密缝、平接留缝、压条盖缝。

第五节 内墙面装饰

一、内墙面装饰的功能及分类

内墙面装饰的功能是保护墙体,保证室内使用条件,易于清洁,反光功能,反射声波和吸声的功能,保温隔热的功能,装饰室内（质感、色彩、线形）等。

内墙面装饰根据其所采用面层材料的特性,可分为涂刷类、贴面类、罩面板类、卷材类等几类。

二、内墙面装饰做法

内墙面装饰在构造层次上与外墙面是类似的,只是工艺、尺度要更为细腻些,选材要更为注意人的直接触感……

（一）抹灰类装饰

抹灰类装饰构造层次与外墙面装饰相似,只是内墙不需要留很宽的灰缝,并且面层一般还要做较为细腻、柔和的涂刷。主要的材料有纸筋石灰、大白粉,以及各种涂料、内墙漆。作为现代室内的装饰,有很多成品线脚与花饰可供选择粘贴,以丰富墙面的立体效果。

因为是人们日常活动中经常会碰触到的部分,墙角（阳角）一般要采取一定的保护措施,以防止因过度碰触而造成破坏。通常的保护方法有增强墙角部分的抹灰强度和附加明露的护角两种。增强抹灰强度是抹灰前在墙角上先做暗的水泥或金属护角条,最后再做面层粉刷抹平。并且如果将墙角做成圆角或斜角也会有利于墙角的保护。护角通常采用不锈钢、黄铜、铝合金或橡胶等材料。

抹灰装饰的墙面为了有更好的视觉

色彩自由的涂刷类墙面。

卢浮宫美术馆室内的石材装修

碎石马赛克彩色壁画墙面

法国巴黎pacific tover观众厅　石材与木材墙面装修，满足厅堂的声学要求。

卵石装饰的墙面。其构造原理与抹灰装饰相似，只是在表层粘接彩色卵石即可。

粘土砖墙罩面板装饰的龙骨安装

预埋出挑木砖
竖向木筋

空心砖墙的罩面板装饰龙骨安装

预埋木砖
竖向木筋

和触觉感受，通常在表面再涂刷墙面涂料。采用的涂料根据状态的不同，可划分为溶剂型涂料、水活性涂料、乳液型涂料和粉末涂料等几类。根据装饰质感的不同，建筑涂料可划分为薄质涂料、厚质涂料和复层涂料等几类。涂刷方法也有喷涂、滚涂、刷涂等几种。

（二）贴面类装饰

内墙面的贴面装饰与外墙面的做法及选材基本一致，只是部分问题有些区别。比如北方的外墙面砖要选择吸水率低，可以防冻的，而内墙面砖则无需考虑

防冻的问题。再有因为内墙面的观看视距较短，因此质量要求会较外墙面高……

（三）罩面板装饰

罩面板装饰就是用较大的板材罩覆在原有墙体表面的墙面装饰方法。常用的面层材料有胶合板、细木工板（夹板）、石膏板、天然石材、钢板、塑料板、镜面玻璃等。选用不同的面材，可以满足不同的视觉、触觉及一定的物理性能要求，如声学要求。

罩面板装饰基本由龙骨及面材两部

分构成。龙骨可以选用木龙骨、型钢龙骨或铝复合型材龙骨等。龙骨的选用一般要综合考虑室内的温、湿度及面材的重量等因素。在龙骨施工前，基础墙面要采取防潮措施（防止龙骨及板材因受潮而翘曲、霉变），通常可以采用防潮砂浆粉刷或涂刷防水涂料。

面层板材的接缝处是需要注意的，通常的板缝处理方法有斜接密缝、平接留缝、压条盖缝。

（四）卷材类装饰

卷材类装饰就是以裱糊的方式用各种柔性材料装饰墙面的方法。主要的柔性面材指的是墙纸（纸基、塑料、软木面层等）、织物（锦缎、麻毛、棉纱等）、微薄木（圆木卷切，厚1mm，柚木、水曲柳、桃心木等）等。

这种装饰做法的优点是墙面色彩、花纹、图案丰富，有良好的触感及声学效果。并且因为是柔性面材，可适用于曲面，转角处可连续裱糊，整体性好。

裱糊的基本工序是：①基层处理→②弹垂直线→③裁纸→④润纸→⑤涂胶裱贴→⑥拼缝裁切。

②弹垂直线

①基层处理

③裁纸

④润纸

⑤涂胶裱贴

搭接切割

揭废纸条

复位对缝

⑥拼缝裁切

卷材类装饰基本工序

048

师生互动

学生：施老师，这门课叫构造，但你却讲了很多材料，这是怎么一回事？

老师：这个问题问得好，足见你是在思考，其实这就是这门课的根结——构造和材料是密不可分的。简言之，材料的应用需要依赖构造技术的解决，而构造技术就是研究如何发挥材料的特性，物尽其用的方法。二者是互为依存的，只是在研究时的侧重点略有不同。

中國高等院校

THE CHINESE UNIVERSITY

21世纪高等院校艺术设计专业教材
建筑·环境艺术设计教学实录

CHAPTER 3

概述
地基的加固
基础的种类

地基、基础

第三章　地基、基础

第一节 概 述

一、概念

基础是建筑在地面以下的承重构件，它承受建筑物上部结构传下来的全部荷载，并把这些荷载连同基础本身的重量一起传到地基上。

地基则是承受由基础传下的荷载的土层（或岩石）。地基承受建筑物荷载而产生的应力和应变随着土层深度的增加而减小，这是因为土层受力面积随着深度的增加而扩散增大，单位面积的受力自然减小，这种土层的应力和应变在达到一定深度后就可忽略不记了。

地基、基础一旦出现问题就后果严重，并且很难补救。因此必须保证地基、基础有足够的强度和稳定性。

二、地基的一般要求

首先，地基要有足够的承载力，以确保建筑物不能有明显的下陷。

其次，绝对不变形的地基是不存在的，那么我们就会希望地基有比较均匀的压缩量，以保证基础有均衡的下沉。若地基下沉不均匀时，建筑物上部会因此产生开裂变形甚至破坏。

如果是坡地建筑，它的地基除了要满足上述要求外，还要防止产生滑坡、倾斜等方面破坏。必要时（特别是基地高差变化较大时）应加设挡土墙，以防止滑坡变形的出现。

三、天然地基与人工地基

天然地基：凡是天然土层具有足够的承载力，不需要经过人工加固，可直接在其上进行建造的地基称为天然地基。

人工地基：当土层的承载力较差或上部建筑荷载太大时，为使地基具有足够的承载能力，对地基土层进行加固，加固后的地基称为人工地基。现在绝大部分的建筑地基都是人工地基。

基础的基本组成

基础的组成

一般来说，基础是隐藏在地下的，而这座滨水建筑的基础同时也是河堤挡土墙，其外露的基础与一般建筑的基础的形态和组成是一致的。

滑动的建筑物位置

坡地地基的稳定性不好，可能会出现滑坡。

比萨斜塔　被压缩土层的倾斜不均匀沉降

比萨斜塔是地基不均匀沉降所造成的，其独特的形象却是工程失败的结果。

由于地基不均匀沉降的位置和沉降量的不同，会对建筑造成不一样的破坏。上图为建筑中部沉降量较大时造成的破坏，下图为建筑端部沉降量较大时造成的破坏。

夯实法　重锤夯实法　机械碾压法

地基压实的方法

爆扩桩的施工过程

端承桩　磨擦桩

换土法是一种有效的地基　桩基的两种基本承力方式　浇筑桩的现场施工　桩基的工作系统组成
加固方式

第二节　地基的加固

一、地基的加固方法

　　人工地基常用的加固方法有：压实法、换土法、桩基。这些方法可能会同时应用于同一建筑的地基工程中。

（一）压实法

　　压实法根据压实的强度和采用的工具、方法的不同，常用的有重锤夯实法、碾压法和振动夯实法。振动夯实法是利用小型打夯机的振动将地基夯实，简单易行，一个人就可以操作，夯实效果一般。小型的低矮建筑在其地基土质较好的情况下可以采用。重锤夯实法是将大块的金属或钢筋混凝土块（重以吨计）提至高处，自由落下将地基夯实，适用于地基土质较差或对地基强度要求较高的建筑物的地基中。碾压法是利用大型机械压实地基。大面积的地基适用，如广场、道路的地基工程。

（二）换土法

　　当地基中有淤泥、冲填土、杂填土等容易压缩变形的高压缩性土时，应采用换土法。所换土可选用中砂、粗砂、碎石等。换土法是一种有效的地基加固方式。可能是全部或部分地基换土。

（三）桩基

　　当建筑物荷载大、层数多、高度高、地基土又较松软时采用。

　　桩基的承力方式一般有两种：①桩端直接支撑在坚固基岩上的端承桩；②利用桩壁与周围土层的摩擦传力的摩擦桩。

　　根据施工工艺的不同，常见的桩基有以下几种：

　　1.支承桩(柱桩)：将预制钢筋混凝土桩，用打桩机打入土层，长度6～12m之间，桩端部有钢制桩靴。这种桩基已经很少见了，主要是因为打桩时的噪音过于扰人。

　　2.钻孔桩、挖孔桩：工作程序是先打孔，再放钢筋骨架，然后浇混凝土，形成桩基。钻孔直径一般是300～500mm，桩长不大于12m。是现在应用较为广泛的一种桩基。

　　3.振动桩：先将钢管打入地下、取出钢管、在形成的桩孔中放钢筋骨架，然后浇筑混凝土。

　　4.爆扩桩：先钻出桩孔，在桩孔底部放入炸药、放钢筋骨架、浇筑混凝土、在混凝土凝结前引爆炸药。引爆的作用是将桩端扩大，提高承载力。

　　其他类型的桩基还有很多，这里无法详述。

　　采用桩基时，应在桩顶加作承台梁或承台板，以承托墙、柱。

带肋刚性墙基础

双墙式变形缝

在可能会发生沉降破坏的部位，事先将建筑自上而下的断开，可以有效的避免大的破坏。

板式刚性墙基础

刚性墙基础和加高的基础圈梁都可以增强建筑的整体刚度，减轻因地基的不均匀沉降而造成的建筑破坏。

基础挑梁也是沉降缝的一种解决方法。

二、地基的不均匀沉降

地基的不均匀沉降对建筑的破坏是很严重的，因此我们必须尽力避免地基不均匀沉降的产生。

解决地基不均匀下沉的方法常见的有：①作刚性墙基础；②加高基础圈梁；③设置沉降缝。

作刚性墙基础和加高基础圈梁这两种方法都是通过增强基础的整体刚度来缓解地基不均匀沉降造成的不良影响的。

设置沉降缝这种方法主要是针对同一建筑的地基承载能力变化较大，或是上部建筑的体量变化较大。就是在沉降量可能有较大变化的地方，事先在该部位将建筑自上而下的断开，做成沉降缝，允许建筑在该部位自由沉降变形而不会

破坏。沉降缝区别于其他变形缝的主要特点，就是沉降缝在基础部分也是断开的。

三、基础的埋深

由室外设计地面到基础底面的垂直距离叫基础的埋置深度。基础的最小埋置深度为0.5m，因为基础埋置过浅，易受外界的影响而破坏。

基础埋深的确定原则：

1. 建筑物的特点及使用性质会影响基础的埋深。比如说有无地下室、基础的形式和构造、作用到地基上的荷载大小和性质（动荷载还是静荷载）等等。

2. 地基土的好坏也会影响基础的埋深。很容易理解，如果地基土质较好，基础就可以适当浅埋。

3. 地下水位的影响。基础宜埋置在地下水位以上，以防止地下水对基础的影响与破坏。当地下水位较高，基础不能埋在最高水位以上时，宜将基础底面埋在最低水位下200mm。并采用耐水材料，如混凝土和钢筋混凝土等。

4. 冻结深度的影响。为防止因地基土的冻胀现象，将基础抬升而导致的破坏。基础应埋置在冻土线以下200mm。北京地区冻结深度为0.8～1.0m，沈阳为1.6m，哈尔滨为2m。

5. 相邻建筑物基础的影响。当存在相邻建筑物时，新建建筑物的基础埋深不宜大于原有建筑基础。当埋深大于原有建筑基础时，两建筑基础间应保持一定净距。

第三节 基础的种类

一、按材料及受力分类基础

可分为刚性基础、柔性基础(柔性指用钢筋混凝土制成的受压和受拉性能均较强的基础)。

（一）刚性基础

这种基础只适合于受压而不适合受弯、拉、剪力，因此基础剖面尺寸必须满足刚性条件要求（刚性角）。一般砌体结构房屋的基础常采用刚性基础。

1.砖基础。要做阶梯形"大放脚"。

2.灰土基础。由石灰加粘性土组成：1～3层的建筑基础厚300mm；4～5层的建筑基础厚450mm。

3.毛石基础。基础厚度不小于100mm，整体性差，有震动的房屋很少采用。

4.三合土基础。石灰、砂、碎砖等三种材料组成，特点是廉价、简单、强度低，只适用于四层及以下建筑。

5.混凝土基础。特点是强度高、整体性好、不怕水，适用于潮湿、有水的地基中；有阶梯形和锥形两种断面形式；厚度一般为300～500mm，宽高比为1∶1。

6.毛石混凝土基础。混凝土中加入20—30%的毛石，节约水泥用量，毛石最大粒径不宜大于300mm；适用于较大的混凝土基础。

（二）柔性基础

柔性基础一般指钢筋混凝土基础。当建筑物荷载较大，或地基承载能力较差时，或为了减少土方量时多有采用。

二、按构造形式分类基础

条形基础、独立基础、联合基础（筏形基础、箱形基础、桩基础等）。

（一）条形基础

这种基础多用于承重墙和承自重墙下部设置的基础，沿墙下成条形布置，多为刚性基础。

（二）独立基础

这种基础多用于柱下，其构造作法多为柔性基础或混凝土基础。

（三）联合基础

常见的有柱下条形基础、柱下十字交叉基础、板式基础、梁板式基础和箱形基础，这些基础形式多用于地基情况薄弱或较复杂的大型建筑。

地下水位与基础埋深的关系

新建筑基础埋深的确定

砖基础的典型断面

毛石基础

钢筋混凝土柔性基础

条形基础

柱下十字交叉基础

独立基础

柱下条形基础

板式基础

混凝土基础

梁板式基础

箱形基础

师生互动

　　学生：老师，您讲到的轴线我有点不明白。
　　老师：其实"轴线"是设计范畴的概念，是一种参考线，虽然在现实中是不存在的，但却是设计和建造过程中大家必须共同遵守的最确定的准则。比如，设计之初要先确定轴线，而后以其为参考进一步设计墙体、梁、柱等建筑构件。而在建造的过程中，必须以设计图中的轴线为则，在基地内"放线"——也就是将设计的轴线以实际比例"复制"到基地上，确定无误后，才可以进行进一步的施工。

中國高等院校

THE CHINESE UNIVERSITY

21世纪高等院校艺术设计专业教材
建筑·环境艺术设计教学实录

CHAPTER 4

楼板、地面概述
楼地面面层的装饰构造特点
屋顶
顶棚

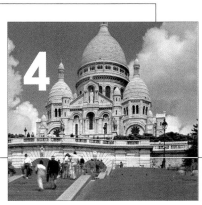

建筑、装饰
的水平构件

第四章　建筑、装饰的水平构件

地层地面的基本构造层次

楼层地面的基本构造层次

双向梁（主次梁），又称肋形楼盖。

井子梁（主、次梁等高），适用于较大空间，较对称的平面。

第一节 楼板、地面概述

楼地面包括楼板层和地面层的地面。区别的方法就是看其下部还有无空间，有空间的叫楼板层，下部没有空间的叫地面层。

一、楼地面的构造组成

室内地面一般都包含三个基本层次：基层（结构层）、垫层、面层。

1. 基层：地面的垫层多为混凝土或夯实土，楼板层的基层为钢筋混凝土楼板或木楼板等，这里基层指的就是结构层。

2. 面层：是使用者直接接触的表面，无论是材质选择还是色彩、图案的确定，都是装饰设计的重点。具体做法与相关要求可参见本讲后面的相关部分。

3. 垫层：位于面层和垫层之间，起结合、隔声、找坡的作用。根据所采用的材料的不同，分刚性垫层（不产生塑性变形，多为C10以上混凝土）和非刚性垫层（砂、碎石）两种。

二、楼地面面层的功能

（一）保护支撑结构

（二）正常使用功能要求

1. 隔声要求：防止或减少噪声通过楼板的传播，主要需要隔离的是空气传声和固体传声两种。

2. 吸声要求：防止和减少物体与地面碰撞产生噪声，以及声音在地面的过度反射，以改善室内的声环境。较好的办法是软化地面介质，如采用地板或地毯等。

3. 防水、防潮要求：主要是防止上层地面的积水通过楼板到达下层空间或存留在结构层中，造成影响美观、破坏结构。通常我们可以在面层采用密实、防水的材料，如天然石材、地砖、水磨石等。

4. 热工要求：防止和减少通过楼板的不必要的热传递，增加空间内的热舒适度。比如居室地面的热舒适度要求比较高，改善的办法很多，比如可以采用木地面代替石材地面，这样不仅可以提高热舒适度，还可以提供舒适的触感。

5. 弹性要求：某些特定的空间，如舞台、篮球等运动场等，人们会在其上进行较剧烈的跳跃运动。这就要求地面有较大的弹性变形能力，以减轻对运动员可能造成的伤害。在这些场地通常会采用弹性木地面等。另外某些较高标准的起居空间，也会考虑增加地面的弹性，以增加舒适度。比如可以采用架空式的木地面、铺设地毯或弹性地胶。

（三）美观要求

三、现浇钢筋混凝土楼板

（一）现浇楼板

1. 单向板：$L1:L2 > 2$，单边受力，现浇板厚为跨度的 $1/30 \sim 1/40$，且不小于60mm。受力钢筋分布在板的下部。

2. 双向板：L1：L2 ≤ 2，双向受力，板厚同上；受力钢筋分布在板的下部。

3. 悬臂板：雨棚阳台等部位，受力钢筋应摆在板的上部。板厚1/12挑出尺寸，且根部不小于70mm。

（二）现浇梁

1. 单向梁（简支梁）：高跨比1/10～1/12（梁高与跨度之比），宽高比1/2～1/3（梁的宽度与高度之比），经济跨度为4～6m。

2. 双向梁（主次梁）又称肋形楼盖。板支在次梁上，次梁支在主梁上，主梁支在墙、柱上。次梁的高跨比1/10～1/15，主梁的高跨比1/8～1/12，宽高比1/2～1/3。主梁经济跨度5～8m。

3. 井字梁：肋形楼盖的一种，主、次梁高度相等。一般用于接近正方形的平面，可形成较大空间。

四、楼地面的分类

楼地面按面层材料的不同可分为：水泥地面、水磨石地面、天然石地面等。

楼地面按构造方法、施工工艺特点的不同可分为：整体地面、块料地面、木地面、人造软制品地面等。

第二节 楼地面面层的装饰构造特点

一、整体式地面

1. 水泥地面

属于现浇地面。通常有两种做法。标准较高的双层做法，先做一道15～20mm厚的1：3水泥砂浆结合层，然后做5～10mm厚的1：1.5～1：2的水泥砂浆抹面。标准较低的单层做法是只一层15～20mm厚的1：2.5水泥砂浆面层，不做结合层。

2. 现浇水磨石地面

(1) 现浇水磨石地面时将天然碎石料用水泥拌和后，抹浇、结硬后再磨光打蜡形成的地面。

现浇水磨石地面的构造通常分两层——底层是用12～20mm厚1：3～1：4水泥砂浆找平打底。面层是85%的石屑和15%的水泥浆得拌合物（不得掺砂，否则容易出现孔隙），当石屑的粒径是4～12mm时，面层厚度为10～15mm，随粒径增加，面层厚度须相应增加。

(2) 现浇美术水磨石地面就是有拼花图案的现浇水磨石地面。不同的色彩是

由彩色水泥加大理石屑制成的。不同的色彩分区是利用金属或木的嵌条形成的。

(3) 现浇水磨石地面有厚度小、自重轻、分块自由、造价低等优点。缺点是由于需要现场浇注和打磨，导致现场工期长，劳动强度大。

二、板、块料地面

陶瓷锦砖地面，陶瓷地面砖地面，预制板，块地面，花岗岩地面，大理石地面，活动地板等都是我们这里所指的板、块材地面。

做法是用胶结材料将预加工好的板、块状地面材料，以铺砌或粘贴的方式，使之与基层连接固定形成地面。属刚性地面，弹性、保温、消声等性能较差，但耐磨、易清洁。适用于人流量较大的公共场所。这类地面施工前要先放线，以保证铺砌平直。

1. 陶瓷锦砖地面

陶瓷锦砖又称马赛克，每块15～39mm见方，厚5mm，块间留缝隙。底层做15～20mm厚1：3～1：4水泥砂浆垫层，上铺马赛克，用滚筒压平，并使水泥砂浆挤入缝隙，使马赛克粘接牢固。

水泥地面构造

现浇水磨石地面构造

现浇水磨石地面嵌条做法

马赛克地面

花岗岩地面的拼砌方式与构造

活动地板的基本构造

紫禁城乾清宫室内"金砖漫地"。金砖是一种粘土砖。胚土选淘繁复，烧制精良，烧成后浸以生桐油，光亮鉴人，不涩不滑。

陶瓷砖地面

活动地板

2.陶瓷地面砖和预制板、块地面

当预制板、块大而厚时：板下干铺一层20~40mm厚沙子，摆砖校正平整后，砂浆添缝即可。

当预制板、块小而薄或是地砖时，通常就有两种做法。一种是用12~20mm厚1:3水泥砂浆胶结在基层上，然后用1:1水泥砂浆嵌缝。另一种是用20~30mm厚干硬性水泥砂浆平铺于基层上，摆砖校正平整后，将砖取下，砖下撒素水泥浆一道，将砖复位，用胶锤捣实即可。

3.花岗岩地面

花岗岩是天然石材，切割自由。成材通常有板材和块材两大类，铺砌方法可以参考预制板块的铺砌。

4.活动地板

活动地板又叫"装配式地板"，是由不同规格、型号和材质的面板、龙骨、支架等组合拼装而成的架空地面。架空空间内可铺设各种管线。

适用于仪表控制室、计算机房、变电控制室等房间的地面。

三、木地面

木质地面具有良好的弹性、蓄热性和触感。常用的有条木地面、硬木拼花地面等。条木地板应顺房间采光方向铺设，以减少光影。

木质地面按构造方式分：架空式木地面、实铺式木地面（格栅式和粘贴式）、弹性木地面。

1.实铺式木地面

实铺式木地面要求地面结构层是有一定防潮能力的（如钢筋混凝土）。实铺式木地面通常有格栅式和粘贴式两种构造方法。

格栅式实铺式木地面的构造程序是：基层找平→防潮处理（涂油漆、并刷沥青或放置防潮垫）→钉木格栅（截面50×50mm，中距400mm）→铺装地板面层。铺时地板与墙面间要留10~20mm空隙，以保证地面不会因地板的膨胀（受热或受潮）而拱起。

格栅式实铺式木地面根据装修标准的不同，有单层做法和双层做法两种。

活动地板的支架

条木地板地面

实铺木砖地面

踢脚　通风口

木格栅　毛板　结构层　涂刷冷底油和热沥青各一道

格栅式实铺木地面构造1——双层做法

热沥青粘结层

沥青砂浆找平　结构层

粘贴式实铺木地面构造

1:3水泥砂浆　炉渣混凝土

格栅式实铺木地面构造2——单层做法

木格栅

防潮层

地垄墙

架空式木地板

剪刀撑　木格栅

架空式木楼板

70×100木格栅

木弓

∅12钢管活节
镀锌铁丝扎紧

橡皮垫

钢弓

∅75×100木格栅

5×55×375钢弓

10×120橡皮垫　消音毡

弓式弹性木地面

栅式实铺式木地面的做法特别适用于条木地板，如果是小块料的硬木拼花地板要采用格栅式铺就只能采用双层做法了。

粘贴式的一般构造做法是先在楼板上做好找平层（有防水要求），然后用粘接材料直接将地板粘贴在其上即可。这种方法对找平层的要求很高，尤其是条木地板。而小块料的硬木拼花地板对平整度的要求就好商量一些。

这种构造方法可以节约木材30%～50%，而且结构高度小，可以节约室内净空高度，因此经济性好。但是弹性差，维修困难是它的主要缺点。

2.架空式木地面

架空式木地面是指支撑木地面的格栅架空搁置，下面有足够的空间便于通风，以保持干燥，防止格栅及地板因腐烂而损坏。这种方式特别适用于易受潮湿影响的地面。

所用格栅多为(50～60)mm×(100～200)mm的木方，中距400mm，需进行防腐处理。然后在格栅上铺钉条木地板。这种木地面的弹性和脚触感都很好，可以有效防潮。但是其隔声效果差，且自身也容易产生噪声，并且防火要求较高的空间更不应该使用这种地面。

3.弹性木地面

对地面弹性有较高要求的空间场所，如一些比赛场地、舞蹈杂技排练厅和舞台等，需要地面有较大的弹性变形能力，以缓冲因剧烈跳跃而产生的冲击，从而保护在其上活动的人员不受伤害。地面弹性的实现方式通常有衬垫式和弓式两类。

衬垫是用橡胶等弹性材料做成的垫块，垫在地板的龙骨下面，使地板有较大的弹性空间。但是时间长了垫块会因疲劳而失去应有的弹性变形能力。如果用钢弓或木弓代替垫块，尤其是钢弓，其弹性空间更大，弹性效果更好，也更持久、稳定、安全。

中国传统建筑的典型坡屋顶，已成为中国传统建筑的象征符号之一。

佛罗伦萨大教堂穹顶，文艺复兴开始的标志。

这样典型的圆穹顶，一看就是巴洛克风格的。

第三节 屋 顶

一、屋顶概述

　　屋顶是建筑的基本组成元素，是建筑物区别于其他构筑物的一项最基本要素。屋顶既是建筑的结构体，又是建筑的维护体，屋顶要承受重量（包括屋顶的自重、雨雪以及人的活动等不确定的荷载），又要很好地实现保温、隔热、防水的作用，同时作为建筑造型构图的一部分，屋顶也要与整体建筑造型协调美观。

　　屋顶技术的发展，直接决定了建筑空间的规模，以及内部空间的形态特性，同时被程式化了的屋顶形式也是各种建筑风格的重要特征元素之一。

　　根据屋顶的坡度和形态的不同，常见的屋顶可以分为三种类型，但是不论哪种屋顶，为了顺利地排走雨水，都要通过结构或者构造的方法，形成一定的坡度。

（一）坡度的表示法

　　1.坡度（i=高度尺寸／水平尺寸×100%）。如i=5%。

　　2.角度。屋面与水平线的夹角，如α=22°15′、　45°。

　　3.高跨比（高度尺寸／跨度）。如1/4。

（二）屋顶的分类

　　屋顶的形式丰富多样，尤其是现代的建筑，屋顶的形式更是自由多变。但是为了便于学习与了解，习惯上我们常常将屋顶分为三类。

　　1.平屋顶：屋面坡度2%～5%。

　　2.坡屋顶：屋面坡度10%～100%。

　　3.其他类型：其实屋顶还有很多的形式，比如说穹顶、拱形屋顶、折板屋顶、悬索屋顶、薄壳屋顶、充气屋顶等等。但这些屋顶差异主要是承重结构系统，而屋面构造却逃不出平屋顶和坡屋顶两种基本形式，因此本章将详细介绍这两种屋顶。

由悬索结构支撑的膜结构屋顶，它最大的特点就是：结构轻巧，施工快捷，可以形成很大的内部空间。

拱壳结构的屋顶

充气结构的屋顶

典型的哥特式屋顶与飞扶壁　巴黎圣母院

师生互动

学生：施老师，您经常提到构造技术的创造性，是不是说设计一定要具备创造性呢？

老师：不是这样的，应该说我们要鼓励设计的创造性，只有积极的创造才会带动我们的发展和进步，但并不是每一个设计都必须是新的创造，那样的难度就太大了，也是不现实的，应该说大量性的设计与应用还是常规性的，只有常规才可能是经济与高效率的，但不易给人留下深刻的印象，因为只有非常规的事物才更容易吸引人的注意。

历史上，平屋顶只能出现在干旱地区的建筑上，因为当时平屋顶的防水是一项难题。

现代建筑，平屋顶之所以可以大量的应用，各种防水技术的发展可以说是主要原因之一。

可以这样说，坡屋顶是非现代建筑中最常见的一种屋顶形式，地区内的风格一般会比较统一。

二、平屋顶

原始的平屋顶主要存在于干旱地区，如西北高原或是荒漠等地区，因为这些地区的屋顶防水、排水功能已经不再重要。随着现代建筑的出现和现代防水技术的不断发展，平屋顶因其简洁的形态和经济的造价，已经广泛地应用于各个地区的各种建筑，成为当代最主要的屋顶形式之一。

（一）平屋顶应考虑的主要因素

1.屋顶上是否会有人的经常性活动，决定着屋顶的承载能力和面层材料的要求。

2.建筑所处的地区的气候，决定着屋顶需要的是保温还是通风散热。

3.屋顶所处的房间的湿度大小，决定是否加设隔蒸气层。

（二）平屋顶的主要构造层与相应的材料选择

承重层：是屋顶的主要结构部分，支撑着屋顶的存在。现在常用钢筋混凝土现浇板。

保温层：通过保温材料减少室内外的热量通过屋顶的传递。北方地区常用保温材料有加气混凝土、聚苯乙烯泡沫塑料板和膨胀蛭石等。

防水层：防止屋顶上的积水渗入保温层和室内。有柔性防水和刚性防水两种方式。柔性防水指利用卷材或防水涂料实现防水，如SBS改性沥青弹性卷材、APP弹性卷材、SBS改性沥青防水涂料，合成高分子防水涂料等。刚性防水指使用防水混凝土防水。

混凝土如果没有裂缝就会具有很强的防水能力，因此混凝土刚性防水层的构造关键就是防止裂缝的产生。常见的做法有：① 在细石混凝土中添加防水剂。② 在"①"的基础上，在混凝土中配置钢筋网，提高抗裂性。③ 还可以在"②"的基础上，再拌和混凝土时加入一定比例的钢纤维，进一步增强混凝土的抗裂能力。

找平层：将粗糙、凸凹的表面处理平整，防止积水的产生和对卷材的破坏。常采用的是水泥砂浆或细石混凝土，大面积的找平层宜设分隔缝，以防止因热胀冷缩引起破坏。

找坡层：利用一定的填充材料，使屋顶产生一定的排水坡度。一般采用粉煤灰、浮石或焦渣。也有将保温层兼作找屋顶的坡度一般来说会取决于当地的气候特征,东南亚地区雨量极其充沛,因此他们的屋顶很陡峭,以便排水。

雨量适中的地区,其屋顶的坡度就可以比较平缓。

坡屋顶的木屋架结构模型

虽然没有屋面,但它刚好完整的体现了屋架的基本结构体系。

坡层的,但最薄处不得少于100mm。

隔气层:丹东-北京一线以北,当室内空气湿度大于75%,或室内空气湿度常年大于80%时,保温屋面应设置隔气层,可以防止水蒸气在通过屋顶向室外渗透的过程中在保温层内形成凝结水,确保保温效果。隔气层一般是使用防水涂料,较高标准是用防水卷材。

（三）柔性防水屋面的基本构造层次

1. 不上人屋面:保护层-防水层-找平层-保温层-找坡层-承重层。

2. 不上人有隔气层屋面:保护层-防水层-找平层-保温层-找坡层-隔气层-找平层-承重层。

3. 上人屋面:面层-隔离层-防水层-找平层-保温层-找坡层-承重层。

4. 上人有隔气层屋面:面层-隔离层-防水层-找平层-保温层-找坡层-隔气层-找平层-承重层。

三、坡屋顶

我们把这种屋顶坡度大于1:7的屋顶叫坡屋顶;雨水排除容易,隔热、保温等效果好;一般来说,降雨量较大的地区的屋顶多为坡屋顶,并且雨量越充沛屋顶坡度越大。

（一）坡屋顶的构造

包括两大部分:结构支撑体系和屋面系统。

结构体由屋架、檩条、屋面板构成,是它支撑起了整个屋顶。

屋面系统由挂瓦条、油毡层、瓦等组成,实现屋顶的维护、保护功能。

（二）坡屋顶的构造层次

1. 坡屋顶的结构支撑体系屋架

屋架的形式以三角形为主,可以采用不同的材料。

（1）木屋架:跨度在15m以内,屋架间距在3m以内,屋架的高跨比为1/4~1/5,常用的木料断面（120~150）×（180~240）。

（2）钢木组合屋架:木屋架中拉杆用钢材代替,跨度15~20m,屋架间距4m以内;屋架的高跨比1/4~1/5。

（3）钢筋混凝土组合屋架:由钢筋混凝土与型钢两种材料组成,上弦及受压杆用钢筋混凝土,下弦及受压杆用型钢,跨度15-20m。

出于稳定方面的考虑,每两榀屋架间要做垂直剪力撑。

现代建的屋架有时也不一定就是对称的。

瓦屋面的屋面构造

希腊神庙的屋架与屋面的结构构造模型

中国古建筑的屋架体系模型（以佛光寺为例）

2.坡屋顶的屋面构造

（1）檩条：檩条支撑在屋架上弦上，最好放在屋架节点上，间距700～900mm，断面100×1000mm左右。檩条上铺垂直的椽条，间距500mm，断面50×50mm左右。

（2）屋面板：又称望板，厚15～20mm，钉在椽条上。

（3）油毡：铺在望板上，起防水作用。

（4）顺水条：断面20×10mm左右，顺水流方向钉在望板上，目的是压住油毡并防止积水的产生，间距400～500mm。

（5）挂瓦条：垂直钉在顺水条上，断面20×30mm，间距与瓦的尺寸适应（一般280～330），是各种瓦片可以附着在屋面上的依托。

（6）瓦：瓦的种类很多，固定方式也多有不同。常见的有机平瓦、小青瓦、石棉瓦、琉璃瓦、瓦垄铁皮……

第四节 顶 棚

一、顶棚的形式

顶棚是室内空间的构成元素，是室内空间中最大的可见单一界面。其形式与功能是我们研究的重点。顶棚的形式是整个房间风格的重要控制因素。顶棚的形式与划分一般要注意与房间的平面布置以及墙面的设计风格相协调。

顶棚的功能主要体现在调节室内的物理环境和设备、管线的布置与隐藏。所谓物理环境主要指的是温、湿度以及声光环境的控制。这些可以通过棚面的选材和变换棚面的空间形式进行调节。例如，如果室内的湿度较大，选择面材就要考虑其防水与耐水的性能。或者某些空间，如会议室、影剧院等，要采用一定的吸声材料并对其形态进行必要的设计与计算。现代建筑通常会有许多的设备及管线要布置在顶棚的内部或表面，比如空调管线与通风口、电气管线与照明灯具、消防与自动喷淋系统等。这些除了形式的分布要求外，还有更多的技术方面的考虑，甚至是计算，这里无法详述。

顶棚的形式变化很大，按施工方式分，有直接式顶棚和吊式顶棚两种。

（一）直接式顶棚

一般指的是暴露结构和设备主体，只进行表面涂刷或雕饰，以保护结构和设备、改变界面质感和色彩。这种顶棚多半可以向人们展现优美的屋顶结构或设备。

根据有无设备管线，直接式顶棚通常又可分为以下两类：

第一类是直接暴露结构，而顶棚下又没有设备管线穿过的直接式顶棚。我们见到的这类顶棚多是在比较古老的建筑中。

第二类是暴露设备管线的直接式顶棚。现代建筑中会有很多设备管线从棚顶穿过，利用管线进行个性化的装饰，是工业化空间和高技派们惯用的"伎俩"。

在砖石或混凝土结构的棚顶上，我们可以直接的暴露技术精美的结构体。

在砖石或混凝土结构的棚顶上，可以彩绘或者进行精美的雕饰。

中国古建筑中的明袱做法，就是一种典型的的直接式顶棚。

用陶瓷片装饰过的直接式顶棚，巴塞罗那Park Guell公园。

展现钢架屋顶结构的直接式顶棚。

巴塞罗那圣家族教堂的直接式顶棚。

展厅的暴露管线的直接式顶棚　巴黎蓬皮杜中心

方格状黑色金属格栅吊顶

条形金属格栅吊顶

暴露管线和结构体的直接式顶棚

平式吊顶在吊顶平面上可以进行一定的线脚装饰　柏林犹太纪念馆

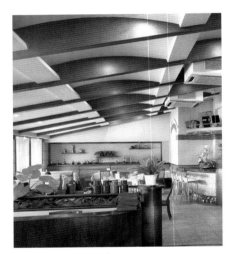

模仿结构形态的复式顶棚

（二）吊式顶棚

吊式顶棚是将建筑顶棚中原有结构和设备管线进行遮蔽的顶棚装饰方式。它的特点就是可以产生自由多变的顶棚形式，具有较强的隐蔽能力，完美的物理性能和优美的装饰效果。

吊式顶棚的外观形式一般可以分为：平式、复式、浮式、格栅式、发光顶棚及软吊顶等多种。在实际应用过程中，更多的是几种吊顶形式的综合应用。

1.平式吊顶

所谓平式是指整个顶棚是一个平面，没有额外的高程变化。是一种最为简洁、现代的吊顶形式。

平式吊顶的吊顶平面上，通常会布置灯具、空调通风口或设备检修口等，这些成为平面内的构图与变化元素，可以化解单一平面的单调乏味，增强韵律与变化。

2.格栅吊顶

格栅吊顶在内部构造上与平式吊顶极为相似，可以理解为只是将面层换为格栅而已，因此通过格栅我们可以隐约的看到吊顶内部的结构和设备管线。需要特别注意的是吊顶边缘的处理。而格栅通常有木制的和金属的两类。形状上可以是方格形的，也可以是条形的。

3.复式吊顶

复式吊顶是相对于平式吊顶而言的。复式吊顶在棚面内有高差起伏、形式或材质的变化。在现实中我们最常用到的就是这种吊顶形式，它可以形成很丰富的空间效果。

复式吊顶的具体形式根据设计要求可以千变万化，不胜枚举。这里简单举几个例子。

复式吊顶中有一些模仿结构形态，是一种伪饰的"直接式吊顶"。

4.发光顶棚

发光顶棚实际上是一种模仿采光屋顶的做法，是一种吊顶与照明结合的方式。在一定的范围内，发光顶棚可以产生

复式顶棚

发光顶棚

浮式吊顶

复式顶棚

带状发光顶棚　柏林犹太纪念馆

仿天光的发光顶棚

结合采光顶的浮式吊顶　卢浮宫

平面的发光顶棚

相对较为均匀的照明效果，给人更加贴近自然的感觉，并且可以有效的弱化可能的眩光现象。

发光顶棚的一般做法就是用透明或半透明的材料（如玻璃、有机玻璃或PC板等）作为吊顶的面层，并在吊顶内安装光源，通过一定的反射、折射和漫射，在室内产生较均匀的人工照明。

发光顶棚可以是整个棚面，也可以是局部的。可以与周围吊顶在同一平面，也可以如复式吊顶般造型丰富。

5.浮式吊顶

浮式吊顶是近年发展较快的一种吊顶形式，其名称是因其独特的形态特征而来的。这种吊顶的主要特征是它的某些部分似乎悬浮在空中，给人一种轻灵、自由的动感。

6.软吊顶

前面提到的各种形式的吊顶，无论是面板还是龙骨采用的都是木材、金属等硬质材料，现在要介绍的软吊顶是相对而言的，采用的主要是纺织物和一些可变形的有机材料。这些材料轻柔而且富于变形，可以灵活的产生丰富的吊顶效果。这里我们简单的将这类吊顶分为织物吊顶和"植物"吊顶两类。

织物吊顶是利用各种织物作为吊顶面材，可以形成丰富的吊顶形式。这类吊顶具有轻软、飘逸、自由的特点，富于浪漫气息，且工艺简单、施工快捷。

"植物"吊顶里的"植物"一词有双重的含义。第一是这种吊顶采用的材料多是天然植物的茎、叶，如芦苇、竹子等。第二种是吊顶在形态上模仿自然生长的植物，可以仿造出更加接近自然状态下的室内空间。

结合光源照明的浮式吊顶

织物吊顶

直接式顶棚的饰面构造

板材卡在金属龙骨上的吊式板材顶棚

吊式顶棚的基本构造组成

板材钉在木龙骨上的吊式顶棚

仿藤架植物的软吊顶

织物吊顶

芦苇（也可采用细毛竹）编制的软吊顶

涂刷类的直接式顶棚

二、顶棚的装饰构造

（一）直接式顶棚

直接式顶棚的装修构造比较简单，主要有三种方式。第一种是在建筑结构体和设备构件表面喷涂刷各种涂料，可以是单色，也可以做成彩绘效果。第二种是做成浮雕的效果。第三种最简单，就是不做任何额外的装饰直接暴露结构体，产生的效果可能很简陋，也可能格外的独特，甚至是辉煌……

（二）吊式顶棚

吊式顶棚基本由吊筋、格栅、面层构成。

吊筋和龙骨组成吊顶的结构体系，龙骨的组织形态决定着吊顶的形态。吊筋将龙骨和建筑结构体连接在一起，确保吊顶的安全与稳定。

主龙骨中距不大于1500mm，次龙骨中距要与面层板材的尺寸相协调，一般在400mm左右。常用的龙骨是木龙骨和轻钢龙骨两种。

吊顶面层常用的是板材，如吸声板、刨花板、胶合板、各种金属板、木板、PVC板、石膏板等。板材与龙骨连接方式，根据板材与龙骨各自的特性，通常可以采用钉、粘、吊、卡等方式。比如木龙骨、木板、石膏板等比较适合用钉的方式，轻钢龙骨、金属板、PVC板等则惯用卡的方式，而铝复合板则多用粘的方式……

关于材料的选择，通常有两大出发点。第一是视觉效果和心理需求的考虑。第二是物理性能的考虑。比如防火要求较高的室内空间，宜用金属龙骨和金属板、石膏板等防火板材。

中國高等院校

THE CHINESE UNIVERSITY

21世纪高等院校艺术设计专业教材
建筑·环境艺术设计教学实录

CHAPTER 5

建筑楼梯
楼梯的装饰

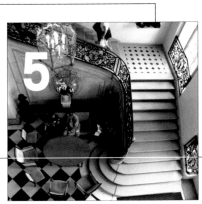

楼　　梯

第五章　楼　梯

第一节　建筑楼梯

一、楼梯的形式

楼梯的功能是满足垂直交通，方便人们到达各层平面，是人们向空间中争取生存空间的产物。楼梯的形状有很多种，如直跑楼梯、交叉楼梯、剪刀楼梯、双分楼梯、弧形楼梯、螺旋楼梯等。如果楼梯的连续踏步数量过多，人们走起来就容易感到疲劳，这时我们可以在楼梯适当的部位设置一些缓步休息平台，方便人们的休息与缓冲。我们把相邻两个缓步平台间的楼梯称为一个"梯段"，也可以叫"一跑"。根据相邻楼层间梯段数量的不同，有单跑楼梯、双跑楼梯、三跑和四跑楼梯。

双分楼梯

旋转楼梯的栏杆形成极有表现性的构图

螺旋楼梯，在满足功能的同时，创造了景观。

双跑直楼梯

楼梯的平面形式有多种，直线形的空间紧凑，主要用于交通和疏散，曲线形的往往会成为空间中的装饰。

二、楼梯的材料

楼梯的材料结构常用的有钢筋混凝土、钢、木、铝合金等。单一材料的楼梯并不多见，更多的是复合材料的楼梯。

楼梯的饰面材料有水泥砂浆、马赛克、面砖、金刚砂、天然石板、人造石板、木板、地毯、玻璃、塑料、钢管、不锈钢等。

木制直楼梯

玻璃踏面楼梯　《亚洲设计 04 办公空间》

钢制楼梯

混凝土楼梯

石材楼梯

三、楼梯的设计

（一）楼梯的布置

楼梯一般要布置在交通枢纽、人流集中点上，以便于疏导人流，如门厅、走廊交叉口、走廊的端部……楼梯的数量、间距必须符合防火规范，满足疏散要求。

（二）楼梯的性质

主要楼梯其主要是疏导人流的作用。位于人流量大的疏散点上，要求明确醒目，直达通畅，美观协调，有效利用空间。

辅助楼梯位于相对次要的位置上，配合主要楼梯实现疏散功能。

（三）楼梯的宽度

楼梯的最小宽度取决于通行人流的大小。作为主要楼梯，梯段宽度按每股人流宽550～770mm计算，最小不应小于两股人流，以确保上下通行的顺畅。

作为辅助楼梯，梯段净宽最小不可小于900mm。

（四）楼梯坡度与踏步尺寸

公共场所一般楼梯坡度为1：2，仅供少量人使用或不常使用的辅助楼梯坡度不宜超过1：1.33。常用的楼梯坡度与相应的踏步尺寸请参见图。

踏步尺寸应适合于人行走的需要，其取值范围见图。

（五）楼梯净空高度

为防止碰头和产生压抑感，梯段净空高度不应小于2200mm，平台梁下净空不小于2000mm，且平台梁与起始踏步前沿水平距离不小于300mm。这是一些基本的数字，实际是以通行者的安全与舒适度为出发点的。

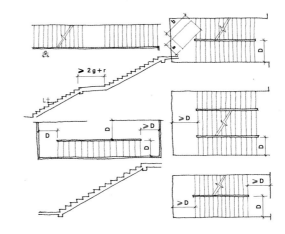

楼梯踏步尺寸的设计

名　　称	住　宅	学校、办公楼	剧院、会堂	医院(病人用)	幼儿园
踏步高(mm)	156～175	140～160	120～150	150	120～150
踏步宽(mm)	250～300	280～340	300～350	300	260～300

楼梯踏步尺寸的设计

楼梯坡度的设计

楼梯相关空间高度的设计

楼梯的一些基本组成与部位名称

防滑条的平面位置

抹灰装饰楼梯的防滑条设置

贴面装饰楼梯的防滑条设置

石材贴面装饰楼梯及其防滑条　　贴面装饰的楼梯踏步　　木板铺贴装饰的钢构架螺旋楼梯　　木板铺贴装饰的楼梯踏步　　有地毯棍压住的地毯铺设

第二节 楼梯的装饰

一、楼梯踏步的装饰

（一）抹灰面层

1.踏步的踢面、踏面做20～30mm厚水泥砂浆或水磨石面层。

2.防滑条：离踏口30～40mm处作防滑条，高出踏面5～8mm，防滑条离梯段两侧面各空150～200mm，以便清洗楼梯。防滑条常见的做法是金刚砂20mm宽，或金属条棍作防滑条或用钢板包角。

（二）贴面面层

1.板材和面砖（大理石板、花岗岩板、水磨石板、玻璃面砖……

2.防滑条：胶粘铜或铝的防滑条，高出踏面5mm；将踏面板在边缘处凿毛或磨出浅槽。

（三）铺钉面层

将木板、塑料等板材，以架空或实铺的方式铺钉在楼梯踏步上，这种做法与地板的铺设相似。因为这些板材的耐磨性能相对较差，因此这类做法适用于人流少的室内楼梯。

（四）地毯铺设

粘贴式：将地毯粘在踏步基层上，踏口处用铜、铝等包角镶钉。这种做法地毯污染或磨损后，不易清洗和更换地毯，所以已经很少采用。

浮云式：将地毯直接铺在踏步基层上，用地毯棍将其卡在踏步上。

二、楼梯的栏杆、栏板

　　楼梯的栏杆和栏板是重要的安全构件，也是最有文章可做的装饰构件。

　　当梯段净宽达到三股人流时宜两侧设扶手，达四股人流时应加设中间扶手。

　　栏杆高度自踏步前沿量起，在室内不小于900mm，室外不小于1050mm。危险性相对较高的位置，栏杆应适当加高。

　　栏杆的选材应坚固耐久，栏杆本身要求有足够的强度。栏杆的固定很关键，要能抵抗相应要求的侧推力（主要来自于人）。

固定在墙体上的金属扶手

石材踏面，不锈钢扶手，玻璃栏板楼梯。

铁艺扶手石材楼梯

打孔钢板栏板的螺旋楼梯

钢木组合扶手

中國高等院校

THE CHINESE UNIVERSITY

21 世纪高等院校艺术设计专业教材

建筑·环境艺术设计教学实录

CHAPTER

玻璃的种类
玻璃的基本应用
玻璃的扩展应用

玻　　璃

第六章 玻 璃

第一节 玻璃的种类

玻璃在现代建筑、装饰及室外工程中的应用极为广泛，我们在这里先主要介绍：玻璃砖墙、全玻璃无框门、玻璃幕墙。

玻璃是以石英砂、纯碱、石灰石等主要材料与某些辅助材料经 1500～1600℃ 的高温熔融、成型，并经骤冷而形成的透明固体，主要是作为可采光的围护材料。随着技术的不断进步，应用于建筑装饰的玻璃种类越来越多，它具有控制光线、调节热量、节约能源、控制噪音以及降低建筑结构自重的作用。

建筑中常用的玻璃有：

1. 平板玻璃：主要指的是普通玻璃和浮法玻璃，以及它们经深加工而成的磨光玻璃、磨砂玻璃等。其中浮法玻璃表面更为平整光洁，现在应用极为广泛。

2. 压花玻璃：采用连续压延法生产，表面有深浅不同的多种花纹图案，光线经压花玻璃的折射产生漫射，因此具有透光不透像的特点，具有独特的装饰效果。

3. 夹层玻璃：玻璃之间夹PVB薄膜，经热压粘结而成；有遮阳夹层玻璃、防弹夹层玻璃、防紫外线夹层玻璃等。用于高层建筑、银行、橱窗等。

4. 夹丝玻璃：又称防火玻璃、防碎玻璃；玻璃中加入铁丝或铁丝网。

5. 钢化玻璃：又称安全玻璃，是平板玻璃经冷淬处理而成，强度提高，不宜再做打孔、磨光等深加工处理，破碎时裂成圆钝的小碎片，不致伤人。

6. 中空玻璃：几层玻璃间夹有空气或惰性气体，周边密封；具有保温、隔热、隔声等性能。

7. 曲面玻璃：两次压制成型，第一次压成夹丝玻璃，当玻璃尚处于可塑状态时，第二次再由曲面棍模具压成曲面。

8. 热反射玻璃：又称镜面玻璃，单反玻璃；普通玻璃表面覆一层有反射热光线性能的金属氧化膜。

9. 吸热玻璃：在透明玻璃中加入极微量的金属氧化物，其颜色随金属氧化物而变化，常见的有古铜色、蓝绿色、蓝灰色、浅蓝色、浅灰色、金色等。该玻璃一般可吸收50%左右的太阳辐射能，如同太阳镜。

不同的玻璃对于光线有着不同的效应，我们可以利用并发挥它们的特性。

玻璃砖的一些常见形状，其实，它可以有更多的形状变化。

不同色彩的玻璃砖配合使用

玻璃砖墙面朦胧的透光效果，很有特色。

玻璃砖墙的形状与剖面

玻璃砖组砌成墙体时，要利用一些垫块使墙面平整，灰缝平直。

第二节 玻璃的基本应用

一、玻璃砖墙

玻璃砖是由两块分开压制的玻璃在高温下封接加工而成，具有优良的隔声、耐磨、透光（有限透像）、防火、装饰性等特点。可用于墙体饰面或独立的隔断墙体。

（一）空心玻璃砖的接合

1. 砌筑法。用1:1白水泥石英砂浆作为胶结材料进行砌筑，墙的面积稍大时，需在砖的接缝处用钢筋进行加固。

2. 胶筑法。用大力胶等作为胶结材料粘结砌筑成墙面。这种做法形成的墙面相对砌筑法更为通透。

（二）技术要求

首先必须注意墙面的稳定性。为增强墙面的稳定性，可在玻璃砖的凹槽中加通长的钢筋或扁钢，并将钢筋同隔墙周围的墙柱连接起来形成网格，再嵌入白水泥或玻璃胶进行粘连，以确保墙面的牢固和整体性。为保证墙面的平整性、砖缝的平直和砌筑的方便，常在玻璃砖间夹木垫块，然后再砌筑玻璃砖，玻璃砖的间距为5~10mm。

（三）扩展应用

现在，玻璃砖除了可以用来形成墙面，还可用在许多其他的地方，这需要的是设计者的创造。比如可以将玻璃砖用于台阶或地面，在砖下部打灯光，可作为一种独特的发光地面。

二、玻璃门

这里我们要介绍的不是那种有金属框或木框的玻璃门，而是全玻璃的无框门。这种门的主体是玻璃的，可以有一些必要的金属附件。

通常这种门的门扇为无框的，厚度是12mm以上的浮法或钢化玻璃板，利用金属的铰链、手柄等附件，形成可开启的透明门扇。这种门一般有简洁、通透、明快的效果。

（一）全玻璃无框门的种类（按开启方式分）

1. 手动门：采用门顶枢轴和地弹簧，人工开启。类似常见的平开门。

2. 电动门：这种门与普通门的区别主要在于它不必用人力开启，它有一套自动开启装置和感应装置，可以自动开启。感应器主要有红外线电子感应器和踏板式感应器两种。

（二）全玻璃无框门的构造要点

门扇常用规格与普通门一致，多为(800～1100)mm×2100mm左右。这种门的技术关键是门铰的固定方法：一种是门扇上部有横梁的，可以将门铰固定在门扇上部的横梁上。一种是利用玻璃门夹将门扇同旁边的玻璃隔断直接连接。还有就是将门铰固定在两边的独立门框上等等。方法有很多，也很自由，只要技术是可行的，就可以尝试……

玻璃砖可以用在地面上，形成发光地面。

以玻璃砖作为踏步的踢面，并在砖的后面安装发光体，形成发光踏步的效果。

玻璃无框门的设计要与周边整体协调，只要技术合理，我们都可以尝试。

玻璃无框平开门的构造要点就是玻璃门扇与门铰的连接，解决了这个问题，玻璃无框门和其他平开门的技术区别就不大了。其特点就是特别的通透明亮，但要注意的是，在视线高度的范围内一定要设置醒目的提示标志，以便防止人们撞到门玻璃。

玻璃无框推拉门，其关键在于导轨与导轮的设置，门扇可以是平面的，也可以是弧面的。

传感器

踏板

自动开启式玻璃无框门，常见的感应器有红外线电子感应器和踏板式感应器两种。

竖框式框架结构玻璃幕墙

框格式框架结构玻璃幕墙

横框式框架结构玻璃幕墙

框架结构玻璃幕墙的基本构造

横框式框架结构玻璃幕墙

三、玻璃幕墙

（一）玻璃幕墙的材料组成

（1）骨架材料：包括型材骨架、金属紧固件和连接件。常用型材有型钢和铝合金型材，也有用木材和玻璃作为骨架材料的。

（2）附属材料：包括填充材料、密封固定材料和防水密封材料等。填充材料是用来填充构件间的较大空隙的，以发泡材料为主，可以起到一定的保温作用。

（3）玻璃材料

（二）玻璃幕墙的技术要求

玻璃幕墙在设计和安装的过程中，有些技术问题是必须要考虑的，比如幕墙的自身强度、风压变形、雨水渗漏、空气渗透性能、保温隔热、隔声、平面内变形、耐撞击、防火、防雷、幕墙保养与维修等等。这些都有很具体详细的技术约束条款，可供应用时查阅。

（三）玻璃幕墙的种类

这里我们按照玻璃与框架的关系将玻璃幕墙分为框架结构玻璃幕墙和无框架玻璃幕墙两大类。

1.框架结构玻璃幕墙

根据框架的布置方式分类：

（1）竖框式：竖向框架主要受力与结构体连接，竖框间镶嵌窗框和玻璃，立面形式主要为竖线条的装饰效果。

（2）横框式：横向框架主要受力与结构体连接，窗与窗下墙是水平连续的，立面形式主要为横线条的装饰效果。

（3）框格式：竖框、横框间没有明显的差异，共同受力，形成格子状。

根据框架的视觉效果分类：

（1）显框框架结构体系：金属框架同时作为装饰元素，暴露于立面。

加肋全玻璃幕墙中的肋玻璃与面玻璃的构造关系

隐框式框架结构玻璃幕墙

加肋全玻璃幕墙的工作原理

框格式框架结构玻璃幕墙

（2）隐蔽框架结构体系：以特定的方式和构件将金属框格全部或部分隐藏于幕墙内，立面上只能见到玻璃分隔线，而看不到金属框架，有近似整片镜面的感觉。

2.无框架玻璃幕墙

无框架玻璃幕墙是指幕墙玻璃四周没有金属框架包裹，形成较大面积的更为通透的幕墙面。

（1）加肋全玻璃幕墙：这类玻璃幕墙的玻璃，每块最宽可达 3m，高度常见的

也有 3～7m，重量以吨计。这样的玻璃，根本立不住，为增加玻璃在自重和风压作用下的抗弯能力，在相邻玻璃的接缝处增设与幕墙面垂直的"肋玻璃"。肋玻璃的厚度一般要比幕墙玻璃厚一些，宽度要适当，一般在 300～400mm。加设肋玻璃的道理和一张折过的纸可以立在桌面上的道理是一样的。

面玻璃与肋玻璃的交界处理一般有三种方法：

a. 双肋玻璃幕墙。

b. 单肋玻璃幕墙。

c. 通肋玻璃幕墙。

（2）吊挂式全玻璃幕墙：一反传统的由下部基座支撑承重的方式，吊挂式玻璃幕墙将整片玻璃利用专门的吊挂件吊挂在结构梁下，这样做能使玻璃本身自然下垂，而不会弯曲。但在风力作用下，可以有小幅度的自由摆动而不致破坏，有效地避免了用力集中，增加了玻璃幕墙的抗风压强度。

因为吊挂件通常会被隐藏，所以吊

挂式全玻璃幕墙在外形上与加肋全玻璃幕墙极为相似。

（3）点挂式玻璃幕墙：点挂式玻璃幕墙是一种应用较为广泛的玻璃幕墙。

基本由支撑构架、连接构件和玻璃三部分组成。

点挂式玻璃幕墙是由不锈钢索杆和爪形扣件组成的一整套纤巧稳定的支架系统，通过不锈钢爪件将玻璃连接固定，形成通透的整片玻璃幕墙。金属杆件纵横交错，与明亮的玻璃形成鲜明的对比，是真正的技术与艺术的完美结合。

这个单肋玻璃幕墙的与众不同之处在于：采用了部分的金属连接件将肋玻璃和面玻璃连接在了一起。

吊挂式玻璃幕墙可以说是最为通透的一种玻璃幕墙，其构造要点就是上部的吊挂件和下部的固定连接件

单肋玻璃幕墙，这波浪起伏的弧线造型，看起来很美妙，做起来也很简单

点挂式玻璃幕墙连接节点

点挂式玻璃幕墙

点挂式连接技术的玻璃雨棚

点挂式玻璃幕墙

点挂式玻璃幕墙常用金属构件

大家要注意的是，除了上面提到的几种玻璃幕墙外，随着技术的不断发展，还会有很多其他新型的玻璃幕墙产生。并且就算是这几种已有的幕墙形式，也不一定只是孤立的存在，完全可以进行多种组合和变通……

四、采光玻璃顶

以可透光的玻璃材料作为屋顶，代替传统的屋顶，可以更多地争取自然采光，接近天空，我们可以叫它天光。

（一）构造要求

1. 出于安全方面的考虑，采光顶的选材应慎重，通常会选用不易破碎或破碎后不易伤人的安全玻璃（夹胶或夹丝玻璃）或有机玻璃等树脂类透明材料。

2. 采光玻璃顶冬季易结霜、结露，尤其在北方是一个比较突出的问题，除了影响正常的采光效果外，凝结水的滴落尤其恼人。通常的解决办法有三种：

(1) 提高采光顶的保温性能，使其不产生凝结水。比如可以采用中空保温玻璃等技术来解决。

(2) 提高采光顶的内侧表面温度。通过加热的方式（周围加热源或吹热风），使玻璃和其他构件表面温度在结露点之上，防止冷凝水的产生。

(3) 玻璃板保证必要的坡度，可以有效地将表面的凝结水引致边缘排水槽排走。

3. 此外，普通屋顶应考虑的问题采光玻璃顶一样要考虑。比如保温（可采用双层中空形式）、防水、防火、防雷……这涉及到很多具体的技术问题，必要时我们可以再深入的研究。

（二）构造形式

一般来说，采光顶的形式除了可与普通屋顶的形式相类似，还因为金属结构与玻璃技术的飞跃发展，以及材料自身轻质高强的特点，采光顶的形式已经非常的自由多样。

卢浮宫入口处的玻璃金字塔连接节点

覆盖铁路候车空间的采光玻璃顶

采光玻璃顶

卢浮宫入口处的玻璃金字塔就是典型的采光玻璃顶

覆盖着圆形商业步行空间的采光玻璃顶

巴黎大王宫的大面积玻璃采光顶，是老建筑的新屋顶

第三节 玻璃的扩展应用

一、玻璃地面

人类不能飞翔，却一直梦想着飞翔。将玻璃作为地面材料，代替架空地面的板材，利用玻璃的通透特性，可以使在上面的人产生一种凌空的感觉，近似于梦幻般的飞翔。

玻璃地面通常有面玻璃和支架龙骨组成。主要需要考虑的是强度问题、面玻璃的安全性和面玻璃以下部分的视觉效果处理问题。强度通常指的是龙骨的强度和面玻璃的厚要足够满足上部荷载的要求，单块面玻璃的面积越大，其厚度也要相应增加，通常厚度要在10mm以上。出于安全方面的考虑，面玻璃要选用安全性较好的钢化玻璃或夹丝玻璃等。因为玻璃通常都是比较通透的，所以地板以下的部分就变得可见，因此要进行必要的处理，以实现视觉效果的完美。

二、玻璃的其他延伸应用

由于玻璃本身的材质特性，以及玻璃加工工艺技术的不断发展，玻璃的应用领域和特色已经非常的丰富多样。一般来说玻璃的扩展应用主要体现在两个方面：

1. 将普通玻璃进行进一步的加工，使其产生某些意想不到的效果。如曲面玻璃、镶嵌玻璃、热熔玻璃、着色玻璃、磨光玻璃、刻花玻璃、断纹玻璃、玻璃马赛克、夹层玻璃……

2. 用各种玻璃产品代替某些传统的材料。

真正的上下通透的玻璃地面

广场上的玻璃地面

玻璃热加工后可以形成很多意想不到的形状

钢架支撑的用于摆放展品的玻璃地面，可供人通行。

断纹玻璃

弧形玻璃隔断　世纪村会所

天主教堂的彩绘玻璃窗

经热加工吹塑形成的玻璃球形灯具梦幻又浪漫

作为空间界定的玻璃隔断，又是环境雕塑

钢化玻璃的桌面是大家熟悉的一种玻璃应用方式，在玻璃下面打上灯光，就可以形成发光桌面了。

利用玻璃如玉质般晶莹、通透的特性；制成的轻灵而
又现代的展示、指示牌。

玻璃通过一定的连接方式可以用于展品的陈列

086

师生互动

学生：老师，按高度的不同将建筑进行分类有什么实际意义吗？

老师：是的，意义很大的。主要是有了高度的划分，我们就可以针对某一高度范围的建筑采用适当的结构
技术、设备配置以及相应的设计数据参考。比如多层建筑就可以采用砌体结构，而高层建筑就绝对不可以。

中國高等院校

THE CHINESE UNIVERSITY

21 世纪高等院校艺术设计专业教材
建筑·环境艺术设计教学实录

CHAPTER 7

环境地面概述
环境地面的分类
台阶
坡道
挡土墙
围墙
围栏
入口大门

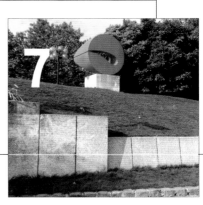

建　筑　外
环　境　构　造

第七章　建筑外环境构造

第一节 环境地面概述

一、环境地面

地面是供人们活动的水平界面，是室外环境工程最基本的构成元素之一。

地面的基本构造层包括面层、结合层、结构层、垫层、地基等。

面层是人直接活动与接触的部分，通常可分为整体面层、块料面层、碎料面层等。

结合层是面层与下一层的连接层，可以保证两者连接紧密。

结构层的主要作用是承受荷载，并将荷载传递给下面的垫层和地基。常用的材料有混凝土、碎石等。较重要的城市广场和地面的结构层多采用混凝土结构层，以混凝土为结构层的地面我们通常可称之为硬质地面。

垫层起的是承受并传递荷载的作用，根据所采用材料的特性可分为刚性垫层（整体性好，如混凝土）和非刚性垫层（可以产生变形，采用松散材料，如砂石、碎石、卵石）两大类。

地基是垫层以下的基土层，要求坚固、密实，一般做法是素土夯实，特殊情况下可以采用换土等地基处理方法。

二、硬地面的基本技术参数

硬质地面的结构层要求坚固，强度高，通常采用现浇混凝土。结构层的混凝土标号要求不小于C10，面层的标号不小于C25。

现浇混凝土结构层厚度与使用时荷载的大小直接相关。5吨设计荷载（小汽车）的混凝土厚度不小于120mm，8吨设计荷载（卡车）的混凝土厚度不小于180mm，13吨设计荷载（大客车、大货车）的混凝土厚度不小于220mm。

大面积的混凝土结构硬质地面，为避免因温度变化而造成破坏，要求设置伸缩缝。纵横向缩缝间距应不大于6m，每四格缩缝设伸缩缝一道。

路面横向坡度（也叫路拱坡度）：混凝土路面1%～1.5%，沥青路面1.5%～2.0%。

硬质地面的施工现场及各部分构造部位名称

施工过程中的碎石垫层

地面的基本构造层次

混凝土结构层的伸缩缝（有面层）

混凝土结构层的缩缝（有面层）

嬉戏沙坑剖面及排水构造

用作坡道的增强草皮地面

钢网格增强草皮地面

塑料网格增强草皮地面

砂地面的儿童游戏场

第二节 环境地面的分类

为了学习的方便，根据地面的特性和采用的材质，我们可以将环境地面分为以下几种类型：

1. 软地面：增强草地、砂地面、粗砾……

2. 柔性地面：卵石、花岗岩方石、砖和砌块……

3. 蜂窝状地面：蜂窝状嵌草砖、塑料网格、金属连锁块……

4. 硬地面（基层是混凝土）：现浇混凝土面层地面、沥青地面、花砖石板地面……

5. 木地面：方木地面、原木地面、木砖地面、木板地面……

一、软地面

软地面指的是这样的一种人造地面，它既保持了构成地面的柔软材质的大部分自然属性，又可供人们在其上进行一定的活动。

（一）增强草皮

景观设施中最软的地面应该是草地了，但是如果有大量行人或车辆通过的话，一般的草地是无法承受的。因此，设计人员就想出了用"增强草地基层"的做法来维持地面自身绿化的办法。

增强草皮一般的做法有：

1. 在播种草籽以前，在地面顶部表层碾压一层小卵石或砾石。这种草地可以作为一般人行通道。

2. 先做 100～150mm 厚的压实石填料层，上面铺置 75～100mm 厚的压实砾石和土的混合物，然后再撒上草籽，这种草地可以满足承载一定车辆通行的要求。

3. 先在土地上铺设镀锌链锁或塑料网格，上面有一层 75～100mm 厚的压实砾石和土的混合物，上面撒种子。或在"2"的基础上，在其顶层再铺设一层镀锌链锁或塑料网格，既能增强草地，又可防止车轮打滑（注：为保证效果及防止损坏，最好是播种草籽而不是铺上草皮）。

增强草皮的应用：公园小道，增强普通道路的路边或路肩处的草地。季节性使用或使用频率不高的停车场等。

增强草皮的局限：由于草皮的自然特性，虽然采用了增强措施，但是仍然无法绝对避免草地的损坏。因此，行人或车辆通行频率高的路面不适宜应用此类方式，同时应该强化管理。另外，由于此类地面对地表压力的扩散能力较差（导致土壤局部压实），因此对周围现有树木的生长不利，有导致停车场周围树木死亡的可能性。而硬质地面不会发生此类状况的原因就是硬质地面能将自身所承受的荷载分散开。

（二）砂地面

砂，是铺设儿童游乐场的理想材料，但施工时要妥善处理，并要提供有效的排水措施。这里所说的砂是指天然状态的"软砂"，并要洗掉粘土、污物等杂质。

沙坑的一般做法是在夯实的地基层上设隔离层，上面铺砂。天然地基必须压实，并做成斜坡（排水坡），从游乐场地坡向盲沟。"盲沟"是用卵石填满的排水沟，不是可能被堵塞的常用排水系统。隔离层可以是覆盖在150mm厚的松铺砾石和填砂垫层上的塑料网格或结实的多孔板。表面铺砂层的厚度一般为300～450mm。

（三）粗砾地面

粗砾是最便宜、最方便、最快捷的铺设材料之一。

粗砾一般分两种，天然的圆砾石和被称为"豆砾石"的细碎石，在考虑儿童安全的地方多用天然的圆砾石。

粗砾的应用：①在施工中的建筑工地上铺一层粗砾，可使工地现场变得整洁。之后还可以再利用它作为混凝土的骨料。②在建筑物外墙周围铺设，可以防止雨水淋溅到墙上。③当某处植物被损坏而暴露干燥的土壤时，可以利用粗砾起到防尘作用。④当某处刚做好的铺面看上去不恰当时，可用粗砾来迅速补救。⑤在园林中与花盆、石板等组合铺设，可以得到丰富的效果。⑥在日本的"枯山水"中常用这种砾石做成图案来象征波浪和水的倒影等等。

粗砾与板材联合铺装的地面

粗砾（豆砾石）地面

粗砾与板材联合铺装构造

粗砾（豆砾石）地面

粗砾地面的剖面构造

"枯山水"景观中的粗砾应用

直径 75mm 硬鹅卵石

直径 50mm 硬鹅卵石

25mm 厚粗砂

100mm 厚级配砂石

素土夯实

柔性卵石地面的剖面构造

卵石地面

卵石也可以像粗砾一样与石板等板材组合形成通道

在园林中，卵石步道给人贴近自然的感觉

卵石地面可以成为硬质通道与软质地面的过渡 巴黎拉维莱特公园

卵石也经常会被用来形成"枯山水"景观

二、柔性地面

柔性地面是既粗糙不平，但又能承受一定的变形而不会被破坏的地面。柔性地面要求比沥青、混凝土地面有更大的坡度（建议最小坡度为2.5%）。

所谓地面的柔性是指地面具有一定的弹性和非弹性的变形能力，在一定的变形范围内，地面不会被破坏，也不会影响正常使用。

柔性地面其柔性的实现与地面的基层和面层有关。砂和碎石填料基层会改善地面的柔性。

常见的柔性地面面材有卵石、花岗岩方石、砖和砌块等。

（一）卵石地面

以一定粒径的卵石作为地面材料，较早的例子是中国历史上的一些园林中带图案的卵石地面。卵石地面一度被认为是一种障碍性地面，不利于人的行走和车辆的行驶。但现在好多地方将其作为"健康步道"进行铺设。原因是其凸凹不平的表面对足底有一定的按摩作用，有益健康。

柔性卵石地面的铺设方法是用木槌将卵石击入砾石基体中，或挤入细骨料混凝土中。铺设时需用石填料做基层。卵石、基层、石填料总的厚度为200～300mm。

有混凝土的卵石地面有时会产生裂缝，但是这些裂缝会被卵石产生的纹饰所掩蔽。

卵石地面会有一些问题：例如一些成长中的孩子们抠下上面的卵石相互投掷着玩，因此可能成为不安全的因素。

布鲁塞尔大广场上的方石地面

方石在异形平面的地面铺装中，优势尤为明显。

大块方石

150mm 立方体

100mm 立方体 　 50mm 立方体

方石常见的形状与尺寸，根据需要还可以制成其他多种形状和尺寸。

加大石块间的缝隙，就可以留给小草更多的生存空间。

方石地面

方石地面的修补过程，可以看出方石地面的一些特征。

（二）方石地面

方石地面也叫料石地面，包括大料石、小料石地面。方石在铺砌技术上和卵石有许多相似之处，例如它们都可以排列成复杂的图案，对人都有极强的亲和力。

方石在铺砌后立即要灌以砂和水泥的干拌合物，再浇上水。这里要强调的是，要避免在石块间用水泥砂浆做成嵌缝或灌浆带，为的是保持方石的色调和质地。

方石有着很高的二次利用价值。用过的方石由于表面的肌理变化，再利用可以形成很特殊的效果。

选材：方石地面必须选用具有耐磨和防冻性能的石材。火成岩一类的花岗岩最为适用，相比之下玄武岩类的岩石就难以加工。像石灰岩或砂岩这类石块虽然易于加工，但是在重载下耐久性差。

第五步：洒水

第四步：将干砂和水泥拌合后灌进拼缝

第三步：以一米为工作段向前铺砌

第二步：基层按坡度要求做好，再铺砌石块

第一步：做地基层，铺放边缘石

路的方向错缝铺砌

不规则砌缝铺法

排水沟沿沿缘方向

排水井盖

方石的铺砌工艺

剖面图

102×102×102花岗岩铺路石，干灰填缝，均匀洒水

粗砂垫层

密实碎石层

密实地基

平铺花岗岩铺路石

曲线形铺设花岗岩铺路石

方石的铺砌构造

50mm 台阶

方石边缘

25mm 台阶

斜铺方石

25mm 台阶

停车场划分方石

方石铺地的几种边缘处理

扇形铺设

等于手臂长的半径

扇形罗马式铺设方式

102×102×204花岗岩铺路石顺铺，干灰填缝并洒水

粗砂垫层

密实碎石层

密实地基

剖面图

平面图

方石的铺砌构造

种植土

100～200

D

料石

素土夯实

方石的植草铺砌构造

荷兰的砖铺地小广场

红砖地面的细部

混凝土大预制块铺地

现代园林景观中的侧砌砖的铺地 荷兰

带有中国传统风格的青砖铺地

混凝土小预制块铺地

（三）砖、砌块地面

砖和砌块这种地面铺装方法是一种建筑材料的扩展使用的再发展。砖，一般指的是粘土砖（红砖、青砖）和耐火砖等，而砌块则多指以混凝土为主要材料制成的复合材料。它可以有多种形状，多种表面肌理和图案、色彩等。现在已经有很多种专门用于铺地的烧结砖和混凝土预制砌块了。

这类材料一般厚度在50mm以上，一般情况下无需混凝土基层，通常是在夯实的基土上以河沙做基层。这种铺面形式多用于人行道、广场以及有小型车辆通行的车道上。它的优点是施工方便、快捷，易于维修与更换，而且可以组成自由、丰富的图案。

砖的表现力非凡，小尺寸粘土砖形成了荷兰城镇的一道引人入胜的景观，建筑大师矶奇新也对砖这种材料钟爱有加……

砖有较强的吸附力，因而在湿热的环境下可能附着有苔藓。针对这一特性，我们可以适当利用或者加以回避。

三、蜂窝状嵌草砖

这种铺面块材的形状类似混凝土砌块，但是表面有较大的孔洞，铺砌后呈蜂窝状，有利于在其间生长草丛或其他植物。

使用这种铺装的目的是在满足必要的交通要求的前提下，可以尽可能多的增加绿化。国内这种铺装主要用在有环保意识的停车场和车辆的临时交通区。还有就是用这些蜂窝状砌块来保护树木或加强河岸，防止剥蚀。

这种铺装的核心做法是：在混凝土铺块的芯部填土，而底基层要求使用固结的石填料，它既可以帮助排水又能支撑面层。

此外，还可以用一种塑料格栅代替混凝土铺块，具体做法与混凝土铺块相同。

蜂窝状嵌草砖铺地。较理想的青草生长状态。

蜂窝状嵌草砖铺地。人流密度过大的地方不宜作此类地面铺装。

混凝土联锁块

用种植肥料处理过的高质量表层土填充空隙

砂垫层

密实碎石垫层

密实土层

剖面图

平面图

蜂窝状嵌草砖铺地构造

蜂窝状嵌草砖铺地，通过人的行为可以自然形成通道宽度。

师生互动

学生：复合墙体是不是为了保温而做的呢？

老师：这样的说法就太局限了，应该说只要墙体的主体材料不是一种，就应该叫做复合墙体。复合墙体是随着技术工艺的发展，充分发挥材料各自特性，节约能源的产物。比如说复合材料的轻质隔墙，主要能满足轻质（减少对下层结构体的负担）、隔声的要求就可以了。

复合墙体是一个发展的概念，其内容十分丰富，也不是一固定的，有极大的发展、创新空间。

混凝土路的边缘处理

混凝土路面,面层粘接了卵石,可以增强耐磨性,改善视觉效果及触感。

混凝土地面,面层掺有彩色石渣砸,可以增强耐磨性,改善视觉效果及触感

混凝土路的变形缝构造

彩色混凝土路面

四、硬地面

硬地面是指有坚实基层的地面形式,面层可以是板材和砖、砌块等块材。"坚实的基层"一般指的是混凝土或经过夯实的材料作为主要承载部分的基层。

常见的硬地面有:现浇混凝土面层地面(包括现浇水磨石地面)、沥青地面、花砖地面、石板地面等。

一般来说,由于温度变化而引起热胀冷缩或荷载分布不均匀等原因,硬地面的基层和面层会因产生裂缝而破坏,所以要在一定的距离范围内设置分隔缝。

(一)现浇混凝土(面层)地面

现浇混凝土(面层)地面是永久性地面中较经济的一种做法。

当有车辆经过时,选用混凝土的标号不小于C30。当无车辆通行时,选用混凝土的标号不小于C20。有的在地表面另作抹面装饰层,但因其施工难度有所提高,而且容易出现"空鼓"等不利现象而不经常采用了。

现浇混凝土(面层)地面的做法很多,常见的有:

1．现浇水磨石地面

现浇水磨石地面是混凝土地面的一种,它是在混凝土垫层表面再做一层厚度为30mm～50mm的水磨石面层。

2．彩色混凝土地面

彩色混凝土地面是在混凝土中掺入矿物染料制成。

3．卵石嵌砌地面

也就是在混凝土基础上再铺一层20mm以上的1:3水泥砂浆,在上面嵌砌卵石,卵石要嵌入砂浆中一半以上,砂浆的厚度一般要大于卵石的粒径。

4．模纹艺术地面

在混凝土没有硬化之前,若再用各种肌理的模具压印,就又可以形成不同的肌理和花纹(仿石、仿木……)的艺术地面。

由于混凝土的干缩特征和热胀冷缩等特性,大面积的混凝土时间长了会产生裂缝。为防止这种裂缝的产生,混凝土地面每隔4m要做一道缩缝。但这种分隔缝也可以有一些变通的做法,如利用砖等块材作为分隔材料,或在台阶处分缝等等。可以掩饰分隔缝在视觉上的不良效果,这种方法变化无穷,大家可以发挥自己的智慧去创造出更好的形式。

此外,如果在混凝土中加入钢筋网,既可以增加混凝土的抗压强度,又能减少裂缝的产生,提高地面的质量标准。

（二）沥青地面

沥青地面的做法是在基础垫层的表面铺沥青碎石混凝土，再用压路机碾压。这种做法具有经济、施工简单、防水、防滑，一般不用做分隔缝的特点。大量用于北方道路、停车场及标准较低的大面积硬地。

沥青地面一般呈黑色，夏天路面吸收日光较强，路面温度较高，所以大面积使用既不环保也不美观。现在可以在沥青中加入调色剂制成彩色沥青地面，其效果有所改善。

沥青地面是不透水的，但现在出现了透水性沥青地面，大大改善了这种地面的生态性能。

混凝土地面的表面处理方式十分自由，本图就是混凝土与石板（金属板也可以）结合的。

沥青路面，机动车道为黑色，自行车道为红色。

沥青混凝土路的路边构造节点

立缘石
中（细）粒式沥青混凝土
粗粒式沥青混凝土
乳化沥青透层
二灰碎石
灰土或级配碎砾石或天然砂砾
素土夯实
种植土
30
1:3水泥砂浆

这里可以看出沥青路面的构造层次

（三）花砖、石板地面

花砖一般是指广场砖和仿瓷地砖（厚度约12～20mm）；石板指各种天然石板及预制水磨石等人造板材，厚度约20～60mm。天然板材包括：大理石板、花岗岩板、砂岩板、石灰岩板、沉积岩板。

这类地面一般必须做混凝土结构层。

混凝土的标号一般不低于C20，厚度根据荷载情况确定。面层板材与混凝土结构层之间用结合层粘结，结合层一般采用30mm厚1：3水泥砂浆。

面层材料接缝处，花砖面层用1：1水泥砂浆勾缝，石板面层用1：2水泥砂浆勾缝或细砂扫缝。一般以4m×4m分隔做缩缝。20m×20m左右做胀缝。

花砖、石板地面是一种较高标准的地坪形式，根据材料的不同，色彩、质感、表面肌理的差异，采用灵活的组砌、拼装方式，可以形成丰富的图案及肌理效果，是现在应用较为广泛的一种地面形式。

麻石广场砖面层地面的铺装施工现场。请注意图片中的白色线条，那就是铺装平直的保证——放线

小型石板面层地面的铺装施工现场

花岗岩石板地面 巴黎

广场砖与大理石组合铺装的广场 巴黎拉德芳斯

异形石板铺装的广场 北京

花砖或石板
1：3水泥砂浆
混凝土
灰土或二灰碎石或天然砂砾或级配碎砾石
素土夯实

花砖或石板地面铺装的一般构造层次

由原木、砾石铺设的台阶式坡道

花岗岩石板与卵石组合铺装的路面 杭州

由方木、砾石铺设的台阶

由原木、砾石铺设的台阶式坡道

五、木地面

木材在地面上的应用大家是熟知的，但以往大都局限在室内，原因是原始的木材暴露在室外极易腐坏。但随着防腐技术的不断进步，以及人们对环境质量要求的进一步提高，各种木质地面在景观工程中的应用也就越来越广泛了。

木材在景观工程中的应用按材料的切割方式不同分为：原木、方木、木砖和木板条等。方木因其形态与火车轨道下的枕木十分相似，所以我们常用"枕木"来代替"方木"的称呼。

木地面按工艺做法不同分为实铺式和架空式两类。

大木料在园林通道中的应用

作为台阶、通道的原木做法 《International LANDSCAPE DESIGN》

方木架空地面 《日本最新景观设计》

横截面向上的圆木砖地面，木砖间的缝隙以砂砾填充

木板
砂垫层
级配碎石或
天然密实砾石
素土夯实

圆木砖
级配碎石或
天然密实砾石或
素土夯实

柔性实铺木地面的构造

方木、砾石台阶与方木挡土墙

方木铺装的地面

实铺木砖板条地面。这种木砖与地板条极为相似，只是长度较短（400mm左右）。

（一）方木、原木的一般用法

1. 方木、原木与砾石结合形成砾石通道的台阶部分。

2. 用作支撑的挡土构件。

（二）木砖的一般用法

如果说方木、原木是更适合作为台阶的踏步面层或架空地面的条状木质材料的话，木砖则是更适合做平铺地面的砖块状材料。木砖的铺装工艺与砖块材料也极为相似，这里就不再赘述。

因为木材可以自由切割，因此木砖的形状与做法也丰富多变。圆木砖的横截面朝上，作为实铺地面的面材可形成有趣的图案。圆木砌块间用300～400mm厚的白砂或小砾石灌实。这种做法主要是出于视觉上的考虑。以方木砖代替砖砌块来做地面，可以形成比粘土砖更有亲和力的地面效果。

（三）架空式木地面

架空式木地面主要是在龙骨、格栅上铺设木板条形成的地面。格栅采用的龙骨（型钢、木方）的断面尺寸由计算而定。间距一般在0.5～0.1m。

根据基层的不同情况，龙骨可以分别架在梁柱等支撑结构上，也可以架在混凝土基层上。龙骨架在梁柱等支撑结

—— 木砖面层
—— 20厚砂结合层兼找平层
—— 70厚三合土垫层
—— 素土夯实

刚性实铺木砖地面构造

—— 木砖面层
—— 沥青胶泥
—— 15厚1：2.5水泥砂浆找平层
—— 素水泥浆
—— 钢筋混凝土楼板

种植土

木板
角钢（或木）龙骨
混凝土
级配碎砾石
素土夯实

种植土

木板
角钢（或木）龙骨
混凝土
级配碎砾石
素土夯实

刚性实铺木板地面构造

横截面向上的方木砖地面，这种地面会给人较坚实且更具亲和力的感受。

龙骨架设在混凝土基层上的架空式木板地面

龙骨架设在混凝土基层上的架空式木板地面

架空式木板地面

扶手
楼面板
双片主梁及其斜撑
搁栅构架
底部阶梯由伸臂小梁支撑
楼梯斜梁
双支柱
立柱（承受重力）
双片主梁
斜撑
铺面石板
U形基础紧固夹板
立柱下用塑料排水管截断安装在混凝土垫座上
混凝土垫座

架空木地面的构造工艺举例

龙骨架设在梁、柱支撑结构上的架空式木地面

龙骨架设在梁、柱支撑结构上的用做驳岸的架空式木地面

构上的做法可以将地面完全架空，减少地面潮湿、腐蚀等作用的影响，多用在高差变化较大的自然形态园林中的平台及路面以及桥面上。龙骨架在混凝土基层上的做法较前一种能给人更多的稳定感，多适用于地面较平坦的城市景观的平台及路面中。

混凝土基层表面要做成坡度（2%左右）。与混凝土相接的主龙骨要顺着坡向铺设，以利于排水。混凝土要按照前述混凝土地面中的要求做缩缝和胀缝。混凝土的标号不低于C20。

梁柱等支撑构架架空格栅的做法中，柱子的理想做法是：将埋在地面以下的部分作防腐处理（如涂沥青防腐涂料）或是将木柱放在混凝土垫座上，柱子与混凝土之间用橡胶、沥青等做成隔离层，或者柱子干脆用混凝土或型钢来做。

这种架空的木地板下，如果是可供植被生长的土地，在设计架空高度及地面铺设时，必须考虑方便清除下面杂草的可能性。

孤立的一两级台阶，容易被人忽视而发生危险。

高差过大、连续台阶过长，易使人感到疲劳。

高程变化不大的台阶

高程变化不大的台阶

建筑物入口处的台阶 巴塞罗那Park Guell入口

具有纪念意义的台阶，这样的大台阶在一定程度上可以调整观瞻者的心绪，同时我们也可以留意一下台阶中间的那些缓冲平台。南京中山陵

混凝土台阶

弧形的混凝土台阶

第三节 台 阶

台阶与坡道是解决不同高程地面间的交通联系的有效方法。

一、台阶的设计与要求

一般来说，室外台阶的尺度要比室内楼梯平缓一些。踏步高（h）一般在100~150mm，踏步宽（b）一般在300~400mm。实际尺度可以根据设计意图的需要有所改变。为防止积水，踏步的踏面要向下坡方向有一个1%~3%的坡度，休息平台也要有一个向排水方向的3%左右的坡度。所谓休息平台就是台阶起步之前和结束之后，以及当高差较大时（比如说超过18步的台阶），台阶中间设置的缓冲平台，可供人停步休息，就叫休息平台。平台的宽度要求不小于1m。

一般来说，台阶的步数最少也不要做成一步，因为很多人会忽略它的存在而容易摔倒。连续的踏步最多不要超过18步，超过的，中间要做休息平台，否则会造成人的过度疲劳。

台阶的面层应选择防滑、耐久的材料。尤其是北方比较寒冷的地区，更要在踏步的边缘处作特殊的防滑处理。具体做法可以参考室内踏步防滑条的做法。

步数较少的台阶，其基层做法与周围地面类似就可以了。当步数较多，或地基土质较差，或标准较高，或在冻胀地区时，可根据情况做成钢筋混凝土台阶，以防止不均匀沉降带来的台阶破坏。所用混凝土标号不应低于C20，所配钢筋为Φ

8～12@150～200双向。

二、台阶的分类

（一）按功能性质分类

1. 高程变化不大的台阶，常用在较缓的坡面上。

2. 与建筑物入口有关的台阶。

3. 具有纪念意义的台阶。

（二）根据面层材料与构造

分类

1. 砖、砌块台阶

2. 混凝土台阶

因为混凝土的造型能力强，所以特别适用于异形的台阶。

3. 花砖、石板台阶

多指用花砖石板饰面的台阶，其基层的受力结构多为混凝土或砌块。

4. 料石台阶

整块的料石作为台阶踏步，具有整体、美观、坚固、耐久等优点。

5. 木台阶

木台阶分整块木料台阶与木板踏面台阶。

6. 其他材质的台阶

出于创意和某些其他原因，还会有很多其它材质的台阶，比如纲制台阶、铸铁台阶、玻璃台阶……

德方斯广场上的砌块台阶

弧形的砖台阶

花砖、瓷片饰面台阶 巴塞罗那 Park Guell 入口

砖、砌块台阶构造

混凝土台阶构造

花砖、石板饰面台阶构造

石板饰面台阶

局部石板饰面台阶

料石台阶的石料

中国古建筑中料石台阶

料石（凿锤加工）　铺装
排水坡向
铺装
钢筋混凝土
30厚1:3水泥砂浆

图 7-3-19　料石台阶构造

经过防滑处理的钢板台阶

建筑入口处的铸铁台阶，这种台阶
通透且排水顺畅。

架空木板台阶

木板饰面台阶

混凝土基层上的钢板饰面台阶，这种台阶
大大增强了耐磨性能和视觉美感。

实铺方木台阶美观，坚固，自然亲和力
强，但木材用量大。

现代景观中的料石台阶

第四节 坡 道

一、坡道的设计与要求

（一）地面的坡度

坡度与人的视觉和行为之间有一定的关系。客观地讲，地面是不能也没有绝对平坦的。

1. 坡度小于1%时，地面平坦，但是排水困难，雨天会造成不便。

2. 坡度在2%～3%时，地面比较平坦，视野开阔，活动方便。

3. 坡度在10%～25%时，可以尽情展现优美的坡面。这时人的活动就要依靠台阶或坡道了。

（二）坡道的设计要求

当高差不大（少于两步台阶）或有轮式交通工具通行的情况下，要求做坡道。一般坡道的坡度范围在1:6～1:12之间。

有轮椅通行的要求时，其坡度应小于1:12。坡道不宜连续过长，一般不超过10m就要做一个较平缓的休息平台，并且其宽度不小于1m。这里要指出的是，坡度越大的坡道，其坡长就要求越短。如坡度在1:8时，其坡道长度就不宜大于5m。

坡道的结构层和垫层的做法与相邻地面的结构层和垫层的做法相同即可。

二、坡道的分类

（一）按坡道的面层处理和材质分类

坡道表面必须考虑防滑，具体的防滑做法有礓磋、水泥砂浆防滑沟槽、各种防滑条等等。现在也有许多成品的橡胶或金属的防滑垫可供选用。

1. 砖砌礓磋坡道

2. 水泥坡道

3. 石材坡道

4. 金属坡道

可以尽情展现优美景观的坡面

砖砌礓磋防滑坡道

水泥砂浆礓磋防滑坡道

有防滑效果的粗糙石材坡道

地下车库入口处的水泥砂

石板材坡道

水泥砂浆防滑沟槽防滑坡道

水泥铁屑防滑条防滑坡道

金属坡道

以解决不同高程界面联系的功能性交通坡道，坡度较缓。

与台阶结合的方便肢体残疾者使用的残疾坡道

中国传统拱桥上的坡道，既有视觉的考虑，也可以方便轮式车辆的通行。

作为地面处理方式之一的景观型坡道

高强砖座浆侧铺长水 20

现浇混凝土踏步

钢筋网

碎石层

台阶式坡道构造　混凝土和高强砖踏步边缘

台阶式坡道　原木踏步边缘

台阶式坡道　卵石踏步边缘

铺装

排水坡向

自然土加碎石夯实

圆木柱∅60-80长度视占阶宽定

台阶式坡道构造　原木踏步边缘

水洗小卵石

卵石(约200×150)

铺装

排水坡向

铺装

钢筋混凝土

30厚1：3水泥砂浆

台阶式坡道构造　卵石踏步边缘

（二）按坡道的功能、形态特征分类

1．以解决不同高程界面联系的功能性交通坡道。这类坡道一般坡度较平缓。比如供汽车通行的坡道和建筑入口处的坡道等。

2．方便残疾人通行的无障碍坡道。

3．出于景观效果考虑的、丰富地面层次的景观性坡道。

三、台阶式坡道

坡度在1:4（25%）～1:12（8.3%）之间的坡地一般会使用台阶式的斜坡道。这种坡道的梯段一般有一个恒定的坡度1:12。而台阶踢面高度和踏面的宽度应该有所不同，以适应具体地形坡度的变化。

为了使推车和轮椅能在坡道上顺利地通过，踢面的高度应该小于100mm，而踏面的宽度应该大于900mm。最好能做到1500mm。因为这样每一个踏步的踏面都可以恰好分成三步走。

第五节 挡土墙

一、挡土墙的设计与要求

当土壤的倾斜角度超过其自然稳定角时便难以稳固,因此,常常需要建造挡土墙。在对地基状况和土壤剖面进行分析后,正常的设计程序如下:

1. 估计土壤将对挡土墙产生的测向力的大小。

2. 选定挡土墙和基础的形式。

3. 设计挡土墙的具体尺度和各种相关构件。

4. 确定回填部分的排水方式。

5. 考虑墙体可能的移动和沉降。

6. 确定墙体的装饰形式。

设计要点:

1. 水的排除:防止墙后水压的积聚对墙体造成破坏。一般做法是在墙体背后做易渗处理,填筑一定厚度的碎石层,再利用水管等将水排出。水管的设置一般是每3m设一个直径75～100mm的水管。水管一般设在墙体偏下部位。

2. 设置伸缩缝:无钢筋混凝土的缩缝间距为5m,胀缝间距为20～30m。

悬臂式混凝土挡土墙

粗石倾斜饰面每300的墙体高度内倾50

每米/每三层设置一块束石

颗粒状回填材料

Ø37泄水孔

∅150排水道

天然石料重力挡土墙构造

背填碎石

混凝土

排水孔

卵石砌矮挡土墙构造

当地石材

天然巨石挡土墙构造

天然巨石挡土墙驳岸

浆砌石重力挡土墙

石砌挡土墙

预制混凝土板制成悬臂式的挡土墙

削角
抹光
排水孔 ∅ 50
暗沟等排水处理
D10@200
D10+D13@200
D10@200
混凝土
找平层混凝土
未筛碎石

混凝土悬臂式挡土墙剖面构造

扶壁式挡土墙施工中的内侧，可以清晰地看到扶壁。

扶壁式挡土墙完成后的外侧

二、挡土墙的结构形式

（一）重力式挡土墙

重力式挡土墙是靠墙体的自重抵抗土体侧压力的挡土墙。按所用材料类型还可以分为混凝土挡土墙、浆砌石挡土墙和混凝土预制砌块挡土墙等。这种挡土墙材料用量大，但是结构比较简单，施工方便，断面一般呈现上小下大的正梯形。随着高度的增加，材料用量增加很快。因此，此类挡土墙的经济高度一般为 4～5m。

（二）半重力挡土墙

半重力挡土墙是在重力挡土墙的墙体中加入钢筋骨架，是缩小了墙体断面的重力式挡土墙。半重力挡土墙的混凝土用量较重力式挡土墙减少很多。半重力挡土墙的标准高度是 4m。

（三）悬臂式挡土墙

悬臂式挡土墙是凭借立壁、基座的钢筋混凝土构件支承土体侧压力的挡土墙。根据其立壁与基座间构筑形势，悬臂式挡土墙又可以分为倒T形、L形和反L形几种。悬臂式挡土墙是一种比较常见而且较为经济的挡土墙（节省空间体量和材料用量）。

（四）扶壁式挡土墙

扶壁式挡土墙即在悬臂式挡土墙的内侧或外侧加设扶壁。这种挡土墙虽然施工较为复杂，但其可以达到较高的高度，比较适用于高度要求较大且有用地限制的情况。此类挡土墙的标准高度为 5～6m。

（五）特殊挡土墙

1. 箱式、框架式挡土墙，类似建筑的同名结构体系。这种结构体系可以形成我们需要的最高、最坚固的挡土墙，其弱点就是造价较高。

2. 木制挡土墙。墙体埋深一般要求不少于外露部分墙身高度。因此木制挡土墙的高度一般不大于1.5m。

3. 金属条筐式挡土墙。由Φ6～Φ12的镀锌钢丝编成长方形的条筐，内装碎石或碎石土。然后将多个条筐垒砌到一起，形成挡土墙。因为条筐有一定的变形能力，而且植物很快会在条筐内生长起来，所以使挡土墙的外观变得柔和、自然、有生机。

三、挡土墙的材质

挡土墙根据墙体的形式可分为直墙式和坡面式两种。

挡土墙根据所采用的材质特性不同可分为下面几种形式：

1. 混凝土挡土墙，可进行各种饰面处理，具体做法可以参考外墙面装饰。

2. 预制混凝土板挡土墙。

3. 砖、砌块挡土墙。

4. 木制挡土墙。

5. 天然石材挡土墙。包括卵石、条石、碎石等形成的挡土墙。

盛载着石块的金属条框可以充会呼吸的挡土墙

混凝土挡土墙——经过表面肌理处理

混凝土挡土墙——经过表面处理

作为路边的坡面挡土墙

混凝土砌块挡土墙构造

坡面式金属条筐挡土墙 阶梯式金属条筐挡土墙

作为路边的坡面挡土墙构造

饰面混凝土挡土墙

压顶

水泥砂浆砌筑的砖砌体

防水水泥砂浆抹面

颗粒状材料

隔水层

泄水孔

∅100 排水管道

两层工程砖

混凝土基础

550

砖（砌块）挡土墙构造

10～20mm 砂浆填缝

卵石混凝土地砌块

50 厚砂浆基层

500×400的混凝土基础

碎石填充

大料石砌坡面挡土墙构造

以填充材料垫坡，填土坡与原坡汇合

剥皮原木，直径250～300，可采用硬木或经处理的木

原森开凹槽，斜钉

填充粗骨料或碎石

建筑过程中在原木这间的间隙中放置选定的土工布囊

地形原始破度

最大4.0m

剖面图

间距1500～2000

原木

碎石／岩石填充材料

土工布囊填充压实

地表

立面图

原木挡土墙

砖砌挡土墙

砖砌挡土墙

木制挡土墙

木板挡土墙

压顶与柱子及外墙板钉结

柱间距为800

外墙板以镀锌钉与柱子连接

隔水层

柱子插入地下预留孔洞，然后回填适当的底土并夯实

铺面

排水

50 100 50

50

150

600 至 1200

600 至 1200

悬臂式木板挡土墙

锥形石或锥形预制混凝土砌块

背填碎石

排水孔 ∅75mm 1根 /3m²

找平层混凝土

混凝土

级配砂石

50

锥形石砌坡面挡土墙构造

镀锌的方头螺钉与垫圈

硬质森材或铁路枕木水平放置

硬质森材或铁路枕木纵向布置，间距为1500

压实的底土

铺面

600 至 1200

750

15°

方木制成的倾斜挡土墙

直墙式天然石材挡土墙驳岸

木篱状的挡土墙

石材砌筑的挡土墙

坡面式天然石材挡土墙驳岸

中国传统园林中的中高墙　是可以遮挡和引导视线的不可或缺的景观构成元素。

故宫的大红墙，是典型的防卫性高大围墙。

矮墙，是现代城市景观中常用的空间划分元素。

有效增加墙体稳定性的方法有增加扶壁、立柱、构造柱或改变平面形状等。

第六节　围　墙

一、围墙的设计与要求

围墙是分界小品的一类主要形式，是我们日常生活中所常见的，没必要再对它的形态阐述太多。一般来说，比视平线高的墙体常常作为可见的视觉屏障，用于形成一种相对封闭的空间，多半具有防卫的功能，并常与建筑相结合使用。比如中国古代王宫的宫墙和传统民居的围墙都是用来形成封闭的院落空间的。比视平线低的墙体或局部透空的墙体可以形成半封闭的空间。当既需要保留所有的视觉特性，又要有一定的分割力度时，经常使用矮墙作为自然的界限。

围墙的设计要点：

（一）稳定性

作为独立的墙体，其自身的稳定性是至关重要的。墙体稳定性的问题主要体现在抵抗侧向作用力和不均匀沉降的能力的问题上。一般来说，增强墙体的稳定性主要从以下几个方面入手。

1.增加墙体厚度，控制墙体的高度

在一定高度范围内，墙体越厚越稳定。同样的，如果厚度是固定的，则墙体越高越不稳定。所以在设计墙体时，控制墙体的高厚比是至关重要的。

2.变换墙体的平面形式

一般来说，平面形式曲折的墙体其稳定性要优于直线形式的墙体。如果空间允许的话，蛇形平面或折尺形平面的墙体，即使其厚度很小，也能保证足够的稳定性，并且在平面上增加扶壁也能很好的增加墙体的稳定性。

3.控制不均匀沉降

如果墙体各段沉降的幅度不一样，会造成墙体不同程度的破坏。所以，首先就应该尽可能的保证地基的承载能力一致。如果不能做到这些，也就是说地基无

法均匀沉降，或者基础埋深不一，一般就需要让墙体自上而下地断开，形成一条断缝，又叫沉降缝。具体做法可以参考建筑墙体的不均匀沉降问题。

4．主要的侧向力

（1）风荷载：自然力中，风荷载是墙体所受侧向力的主要来源。因此在风力较大的地区，一般不宜建造很高的围墙。如果一定要建，就必须经过验算，并采取必要的措施方可实施。

（2）长时间加载的人为恒力：如果墙体的一侧堆放砂石货物等，很容易造成墙体的歪斜。

（二）墙身防潮层

地面下的潮湿气会因为毛细管作用而沿着墙体上升。长期作用会对墙体造成破坏。因此在距离地面60mm处设置防潮层一道。一般做法是：抹20mm厚1∶25的水泥砂浆，内掺5％防水剂。其他做法可参见建筑墙体防潮层部分。

（三）伸缩缝

一般来说，墙体会因为温度、湿度的变化而膨胀或收缩，这种胀缩在一定长度内积累，到一定程度就会造成墙体的破坏。因此如果墙体达到一定长度就要将墙体人为断开做伸缩缝。对于不同地区、不同材料的墙体，伸缩缝的最小间距也不一样。一般在30～50mm左右。温差大的地区，伸缩缝的间距要小一些。具体做法可参考建筑墙体伸缩缝。

砌筑围墙的剖面构造　请注意防潮层的设置

混凝土围墙　其强度较高，可以在其上附加其他功能设施。巴塞罗那某某社区公园

混凝土围墙　其典型优势就是造型自由、表面肌理丰富，可以进行雕刻、模压等处理。

混凝土围墙剖面构造

预制混凝土砌块围墙。由于混凝土砌块的造型丰富多样，由其产生的围墙就更是形式多样了。

砌块矮围墙与植栽结合。如果植物生长在围墙的顶部，就可以作为一种压顶了，同时其曲线的平面，可以增加砌块墙体的稳定性。

现代的砖砌围墙

中国传统民居中的砖砌围墙　山西王家大院

砌块矮围墙剖面构造

114

（四）墙体根部水的排除

根据水量大小的不同，可以采用散水或边沟排水。具体做法可参考前面建筑的相关部分。

（五）饰面

同样的墙体基层，可以利用不同的饰面做法，创造出丰富多变的墙面效果。具体做法参考外墙装饰部分。

二、围墙的分类与构造

（一）按采用的主要材料分类

1.混凝土墙：一般采用现浇钢筋混凝土，这种墙体整体性好，强度和稳定性高，结构占用空间小，形态变化自由，可以建造各种规格与形态的墙体，加之在其表面可以采用多种处理方式：如抹灰、打毛、剁斧、压痕、涂色等等，还可以作

为其他墙体的基础墙体。

2．预制混凝土砌块墙体：这种墙体是由事前预制好的混凝土砌块砌筑而成，整体性较差，一般需要做扶壁、现浇式构造柱，或者通过改变墙体的平面形状来增强墙体的稳定性。这种墙体的优点是施工速度快，由于砌块的形状自由多变，可以形成丰富多样的墙面效果。

3．砖砌围墙：这是一种历史较悠久的墙体形式，用统一规格的粘土砖砌筑。历史上无论亚洲还是欧洲，许多国家都采用过，并且至今还在广泛采用着。这种墙体的砌筑工艺简单，花样、方式丰富多变，应用极其广泛。

4．天然石墙：石墙的历史要比砖墙还要悠久，大概自有了人类文明起就有了。石墙的组砌方式与所采用的砌块形状关系密切。比如：规格统一的方石的砌筑方式

就与砌块相似，而规格零乱的雕琢方石与自然形态的硕石砌筑的难度就大多了，所形成的效果也更接近自然。但由于某些地区，开采石块的难度较大，又破坏自然，加之运输不便，石墙的应用受到限制。但随着石材加工技术的不断发展，石材饰面墙体的应用却越来越广泛。

5．饰面墙体：这种墙体本来是没有资格独立形成一类分界墙体的，但因其在现实生活中使用广泛，姑且把它单独列出来说一说。饰面墙体就是以砖墙或混凝土墙作为基础墙体，在其表面再附加不同材质、不同厚度的饰面材料而形成的一种墙体。它以丰富人们的视觉及触觉感官为主要目的。饰面材料主要是各种瓷砖、石材或木材等等。其具体做法与建筑外墙饰面相似。

（二）按主体结构构成方式分类

1．板式围墙：常见的这种墙体大多不长，高度不高。原因是这种墙体抗侧推的能力较差，但是如果在一定长度范围内加设扶壁或构造柱，或者将墙体做成曲折的形状，情况就有所不同了。

板式墙体主要由基础、墙身、压顶三部分组成。基础的做法与建筑墙体基础的做法相似。根据地基情况可以分别做成墙下条形基础或独立基础。

关于围墙基础的埋深，一般原则是：第一是要满足荷载与稳定要求（没有建筑的要求那么高）；第二是一定要做到基础埋深在当地冰冻线以下；第三是基础一定要落到持力层上；第四是要满足基础最小埋深的要求（500以上）。此外，还要有经济方面的考虑。

墙体在满足强度和稳定性的条件下可以采用前述的各种材料建造。

压顶的功能：第一是防止水从墙体顶部渗漏到墙体内部，造成对墙体的破坏。第二是遮挡水流以保持墙体表面的清洁度。第三就是出于美观的考虑，避免人们直接看到一截光秃秃的墙体。

压顶的材料与做法多种多样。就所采用的材料而言，主要有混凝土、石材、砖、屋顶瓦（中国古建围墙中常用）等等。

混凝土独立板式高墙体。独立式墙体除了可以划分提示空间，墙体本身有时就是一处环境雕塑。 巴塞罗那议会山

砖砌蛇形围墙。这种围墙形态自由，墙体自身重量轻、结构稳定。

天然石围墙是中世纪欧洲防御性城堡的主要组成部分

饰面围墙。它的种类繁多，应用广泛。

饰面混凝土围墙的剖面构造

立　面

排水管间隔4000一个
390×240×190混凝土空心砌块　390×240×190混凝土空心砌块
（劈裂面）

平　面

390×190×190
混凝土空心砌块
190×190×190
混凝土空心砌块
390×190×190
混凝土空心砌块
基础

简瓦、板瓦
60厚1:3水泥砂浆垫层
C20混凝土压顶，内配φ6钢
筋中距 200，主筋4 φ6；
1:2水泥砂浆抹面

有中国传统风格的砌块板式围墙

压顶的形式很多，在满足基本功能要求的前提下，有
很大的发挥空间。

6 厚预
埋铁板
预埋铁件焊接

2 φ8
50 20
15

φ4@200

M10 水泥
砂浆填实
榫接坐浆

2 φ8
15 20 30 15

φ4@200

栏杆内
伸出钢筋
现浇压顶

2 φ8
15 15

φ4@200

顶部加宽处理

15 120 15
50 15
15
40

2 φ8

钢筋混凝土围墙压顶构造

预制混凝土花格
外贴墙砖
颜色由设计人定

立　面

排水孔
1:2水泥沙浆抹面
排水孔
每单元一个

平　面

预制混凝土花格

20
60
240
300
760～1060
120

排水孔

防潮层

h 按工程设计

1—1
基础
2—2

局部采用混凝土花格透空结构的立柱镶嵌式围墙

砌体作为嵌板的立柱镶嵌式围墙

金属波纹板作为嵌板的立柱镶嵌式围墙

混凝土透空结构的立柱镶嵌式围墙

金属透空结构的立柱镶嵌式围墙

所采用的形式因其花样繁多，在这里就不再赘述了，设计者可以根据自己的意愿自由创作。但是，这里有一点要提醒大家注意，那就是顶部绝不能做成完全水平或凹形。即使是采用平顶至少也要有1%～3%的排水坡度，以防止积水在墙顶部的产生。

2.立柱镶嵌式围墙：这种墙体主要由结构立柱与柱间镶嵌物组成。这种墙体的结构原理是立柱为主要结构支撑部分，承受主要的各向作用力，而柱间镶嵌物作为封闭围合的结构，主要起阻隔的作用，并将其承受的各向作用力传递给立柱。结构立柱也是由基础、柱身、压顶三部分组成。其结构原理与建筑的柱子基本相同。柱身材料可以是钢筋混凝土，也可以是混凝土、砖、石等砌块或各种形态的钢结构。

柱间镶嵌一般有砌体结构、板材结构和透空结构三种结构形式。

砌体结构镶嵌就是用砖、石、混凝土砌块等砌体充当嵌板，其厚度相对于板式围墙可以小一些（因为有结构立柱的存在）。板材结构镶嵌是用木板、石板等天然板材和金属板、预制混凝土板等人造板材充当嵌板。透空结构镶嵌是由铁艺、木栅、混凝土花格等充当嵌板，相对于前两种结构形式，透空结构在视线上就开阔得多。

木桩、绳索网围栏

□ 25×2

□ 25×2

∅ 16长
150焊牢

200×300×300
C15混凝土

金属低围栏的一般构造——剖面

□25X2

□50X2.5   □25X2

金属低围栏的一般构造——立面

金属低围栏

第七节 围 栏

一、围栏的设计与要求

围栏是分界小品的一类主要形式，它与围墙的主要区别在于它相对于墙体来说比较轻巧、通透，基本不能阻断人的视线，只能在一定程度上限制人的活动范围。其构造体系主要是由结构立柱和柱间填充联系物组成。栅栏、竹篱也属于围栏的范畴。

围栏设置的目的主要是防止人或动物随意进出，安全防护，明示分界，以及防止球类飞出等等。

围栏高度设置的一般预期功能要求相关联，限制人出入的围栏高1.8~2m或以上。隔离小动物的围栏高0.4m左右。限制车辆出入的围栏高0.5~0.7m。标明分界的围栏高度范围就比较宽。网球场等特殊用途场地围栏高度一般为3~4m。

二、围栏的分类与构造

围栏按其高度不同可分为高栏、中高栏、低栏。划分的高度范围并没有明确的界限，也没有太实际的意义。具体高度的确定一般都要根据实际的需要。

围栏按其所用的材料不同可分为：木制围栏、竹制围栏、金属围栏等。就金属围栏而言，按其形态不同又分为网状、铁管、铁条、铁丝、扁网、铸铁、打孔钢板围栏等等。

由于围栏的技术难度不高，可供选用材料丰富，造型丰富多变，所以种类极其繁多无法尽述。下面提供几个相对典型的例子供大家参考。在设计实践中，有极大的自由发挥和创造的空间。

木桩、绳索低围栏构造

木桩、绳索低围栏

金属桩、锁链低围栏构造

水泥仿木制围栏——木制围栏如果防腐措施做得不好，时间长了会腐坏，并且不用木材也有保护自然生态的考虑。

编织状的竹围墙

网状金属中围栏

竹篱构造二

竖板条木篱

竹制矮篱

木制网格围栏

金属高围栏

金属高围栏

竹篱构造一

金属高围栏构造

竖板条木篱构造

横板条木篱构造

网状金属中围栏

铁艺金属中围栏

网状金属围栏

金属中围栏

铸铁金属中围栏

铁艺金属矮围栏

铁艺金属中围栏

金属中围栏

欧洲庭院入口的铁艺平开大门 巴黎

铁艺平开门基本构造

简约的庭院入口的铁艺平开大门

木制平开园门，采用了斜拉构件，既有一定的装饰效果，又有效的防止了园门的扭曲变形

欧式园林入口的铁艺平开大门 布鲁塞尔

现代中国常用的电动伸缩门

第八节 入口大门

在围墙或围栏的适当部位要设置能够开启的、供人们通行的大门。

围墙大门按动力来源多分为手动大门和电动大门。

围墙大门按开启方式分为：平开门、折叠门、推拉门、伸缩门等。

围墙大门按材料分：木门、铁艺大门等等。

大门的开启净宽度：仅供行人通行的门宽最小900mm；有少量小型机动车通行的门宽最少2400mm；有大型车辆通行或车流量较大时，大门的开启净宽度必须达到5200mm。

一、平开门、折叠门

平开门、折叠门都是由门柱、门扇、门轴组成。门柱一般由基础、柱身和压顶三部分组成。柱身可由砖、石等砌块砌筑或由混凝土制成，或用钢结构制成。形态设计可相对灵活，但须保证承载门扇后的整体稳定与安全。如果门扇较高大，门柱基础除了必须满足埋深的要求（冰冻线以下），因其受力较复杂，还必须经过专业的结构计算才能确定。一般做法参考建筑柱子基础部分。

门扇可以由木材或钢材等多种材料制成，造型多样，但必须注意保证其平面稳定性。适当可以加一些斜撑或斜拉构件。门扇不宜做得过大，以防开启不便。

二、推拉门、伸缩门

这两种大门的优点就是适用于开口较宽的大门，但是又不必将门扇做得像平开门那样高大。这两种门的设计要点就是：滑轮组的选择和轨道的铺设以及机械传动部分的隐藏。

三、门房建筑

门房建筑的原始形态就是大门两侧的门框，现在，除了其原始的结构功能外，还被赋予了一定的使用功能和形态特性。使用功能主要体现在利用建筑物的内部空间，用作门卫、保安、休息、收发室等。而形态特征是人们对门房建筑提出的精神层面的要求，人们经常会将其强化为入口的标志，甚至是整个院落形象的代言。因此，其形式设计必须得到重视。

门房建筑其实就是一座较精致的小型建筑物，在结构与构造技术方面也是一致的。

街边休憩游园的铁艺平开低矮园门

欧式园林入口的门房建筑，带有很重的装饰　布鲁塞尔

铁艺折叠门的基本构造

铁艺折叠门

铁艺折叠门　巴黎

富于力量与现代感的厂矿大门建筑

辽宁某风景区的办公区大门建筑。

中國高等院校
THE CHINESE UNIVERSITY

21世纪高等院校艺术设计专业教材
建筑·环境艺术设计教学实录

CHAPTER 8

创 造 性 理 论
与 实 践

训练结合实践
选择构造模型
作品点评

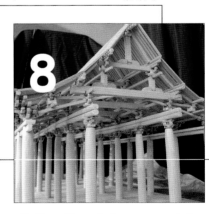

第八章 创造性理论与实践

第一节 训练结合实践

这门专业课程，必须有适合自己的特定的训练和考察方式。作为一门传统的建筑技术专业课，一直以来，更注重的是教学成果的考察，至于具体的实践训练方法就不多了。就算有，实际上也是为那一纸试卷做准备的，不过就是对一些名词、工艺规范条款的"强记"。其实就算当时记住了，等到两三年后真正要用到这些知识的时候，谁又能记得住多少呢？再说，谁会对这样乏味的强记感兴趣呢？如果没有兴趣，那些极富创造性的构造设计的激情又从何而来呢？

我一直以为"构造"的精髓是一种能力，一种能够恰当解决工程实际问题的能力。那么这种能力从何而来呢？绝不是对一些条条框框的记忆，绝不是，而是来自必要的专业训练，来自平时不断的积累，来自对与构造技术不断创造的激情……这也就是我为什么要上这门课，为什么要采取全新的理念和方法来上这门课，为什么要采取全新的实践和训练方法的初衷。

一、实践训练的宗旨

1．检验、巩固、加深理解基本的原理性构造知识。检验和考察教学成果以及学生的学习效果，并通过实际动手操作，加深和巩固对知识的理解，使教学成果更为有效。

2．培养和训练动手操作解决实际问题的能力和意识。学习构造技术知识，虽然我们是从课堂开始的，但实际上这是一件实践性很强的学习和应用过程，单一的理解构造知识是毫无用处的，亲自动手解决实际问题才是学习本门课的真谛。

3．培养和训练在创作的能力和意识。我们要培养的是优秀的设计师，因循传统的技术构造只能是设计创作的桎梏，相反的，如果我们能将构造技术应用得游刃有余，它还可能是我们创作灵感的源泉。

二、实践训练的方法

实践训练和考察方法 1 —— 工地实践

通过对施工中的工地现场调研，可以切实地认识和印证课上所学的知识，加深理解。这种学习和训练的方法，直观、真切、有的放矢，不至于出现形而上的问题。可以实在地增强学生面对和解决实际问题的能力。

具体做法就是在每一阶段的理论教学结束后，要同学们到特定的施工工地（有组织的或自发的），有针对性地对相关知识范畴的施工现场进行实地考察。然后由同学们根据在现场了解、观察到的，结合自己的认识，写出一份调研报告，报告可以是总结式的，也可以是问题式的。报告的本身也许并不是十分的重要，只是个形式，甚至学到了什么样的具体知

识都不是最重要的，关键是一种学习的方法和态度，以及观察学习身边事物的能力和意识。

实践训练和考察方法 2 —— 生活实践

这种实践的难度相对较小，就是在课后将课上所学的知识在身边的现实中找到实例，并加以收集、整理、分类、总结，以加深理解、巩固所学知识，更重要的是培养一种留心观察学习身边事物的能力和意识，这对于以后的自我培养、自我提高至关重要。

观察现实，无疑我们要多学习成功的、优秀的实例，但是，破败的、失败的实例我们也不能错过。很简单，看到了别人的失败，就应该避免自己犯同样的错误。分析其失败的原因，能找到解决的方案最好，找不到也没关系，记下来，可以在以后的学习和实践中去寻找答案……

实践训练和考察方法 3 —— 绘制构造施工图

这是一种行之有效的锻炼同学们应用所学技能的办法。在未来实际工作中，能够绘制完整、规范、系统、深入的施工图，是对一个设计师最基本的素质要求。

在实际的教学过程中，施工图绘制训练一般可以采用以下几种方法：成套系统的施工图的抄绘，典型节点施工图的抄绘，结合方案和典型节点的施工图的设计、绘制等。这些都是可以针对学生的特点进行选择的有效方法。

　　实践训练和考察方法 4 —— 构造模型的设计与制作

　　如果说前面提到的几种训练考察方式是一直以来就在采用的传统方式的话，那么设计、制作构造模型则是全新的一种构造课的训练考察方式。

　　模型作业一般是在基本理论知识授课结束后开始布置的，一般需要三到四周的时间，时间的长短可以与模型的难度相关联。

花岗石条石
30 厚 1：3 干硬性水泥砂浆结合层
素水泥浆结合层一道
100 厚 150 号现浇混凝土
150 厚 3：7 灰土
素土夯实

混凝土内配 ∅5 钢筋双向中距 200

150 厚 3：7 灰土

台阶断面施工图

一起研究图纸。

干挂式石材幕墙的施工现场

生活中到处可以见到构造技术的成果实例

模型制作过程场景

2005 年的作业

斗拱

现实中的木结构

2004 年作业

第二节　选择构造模型

一、构造模型与传统实践训练的对比

1.工地实践的局限性：第一，工程项目施工周期一般都较长，在短期内了解施工的全过程难度较大。第二，在工地，同学们只能观察不能动手操作。第三，可实践的工程项目有时空的限制（在合适的时间、地域内未必就有合适的可供实践的工地）。第四，工程项目的工艺先进性与系统性的限制（工地的施工内容一般都是特定的，受到各种因素制约，对开放学生的思维不利）等等。因此工地实践训练只能是有选择性的进行，系统全面的工地实践难度实在太大。据此，在教学

实践中我们经常可以采用一种变通的方法：将特定的工程照片和影音资料融合到授课过程中的相应专题内容当中，以加深理解。

2.生活实践的局限：首先是不可操作性，只能看到成果的表面，看不到施工的过程和构造层次。其次是在较短的教学过程中，要想自己找到较全面的所学知识的实例，实非易事。

3.绘制施工图的局限性：主要是现阶段的同学们对一些基本的绘图方法、技巧、规范掌握得不够，并且很难将刚刚学到的构造知识原理进行应用，也就是说还不具备设计性施工图的绘制能力，而只能以抄绘为主，无法尽情激发同学们的创造性与学习激情。

4.模型训练的优点：

第一，模型可以反映构造及相应的教学成果。

第二，制作模型不受时空的限制。

第三，模型是联系理论和现实的最为直观的纽带。

第四，同学们制作模型的兴趣远远高于回答一份问卷。

第五，模型的制作过程更能体现和训练实际应用的"能力"。

第六，模型的制作过程本身就是一种能力的体现与训练。

二、构造模型的题材来源

一般来说，我们要做的模型，无论是原样的复制，还是包含大量的设计成分，

都要求提供原始的题材来源。这些题材从何而来呢，主要有下面的两种形态。

第一，由老师根据需要为同学们提供若干套题材，让同学们根据各自的喜好在其中选择一套题材，在经过自己进一步的资料收集，来完成自己的作品。

第二，由同学们根据自己的兴趣，自主地选择题材。可选择的范围很广，包括专业书刊、杂志、工程实例照片等等都可以。因为是同学们自己的选择，他们会更有激情来完成自己的作品，也就更有利于其创造性的充分发挥。

并且我以为，资料收集的过程本身就是一项可贵的能力训练过程。

三、模型的题材要求

关于选择什么样的题材才更适合制作构造模型，这是一个关键的问题，不论是对于同学们还是老师，都应该把握住下面几个主要的原则：

第一，兴趣第一。

第二，难度适当。

第三，逻辑关系合理明确。

第四，题材范围可以很广泛。

模型题材的选择面很广，比如可以做古建筑模型，也可以是现代建筑模型，可以是中国的，也可以是西方的，可以是经典作品复原模型，也可以是普通作品的创造性复原模型，甚至是全新的设计创作模型……都可以，没有固定的要求。选择的基本原则是能满足构造课的基本的考察与训练要求，能够激起同学们的学习和动手操作的热情。

在本书中我们可以看到中国古建筑类的模型可能很多，这主要有两方面原因：第一是中国古建筑主要是木构，各构件的穿插、连接较为复杂，有一定的难度和深度，而且逻辑性很强，有足够的思考

空间，更能够达到能力训练的目的。第二就是中国古建筑木构架体系经过数千年的演变，有较为独立完整的系统体系，资料的收集较为方便，而且形成的模型形态优美，更能够激起同学们的制作兴趣与成就感。

四、作业的进程安排

作业的进程一般是先自由编组（两三个同学一组），然后选择要制作什么模型，并收集相应的资料，这些纯粹是从同学们的兴趣出发的；然后选择制作模型所用的材料，这需要考察。以上这些过程可能需要3～4天的时间；然后根据收集到的资料绘制模型设计草图，按比例计算，并绘制出各构配件的形状、尺寸，同时要设计出制作安装的程序与连接工艺。小组成员的职责划分在这一阶段要明确下来。这大概要一周时间，磨刀不误砍柴工，准备得是否充分直接影响到后续的制作；接下来是模型的制作，这一过程分为两个阶段：第一阶段是构配件的制作和试安装，先草制部分主要构配件，并进行实验性的安装，如果没有问题就可以进行大批量的构配件的"生产"了。第二阶段是"装配"，就是将加工好的构配件按事先设计好的程序进行组装、连接和固定，这必须由小组成员共同完成。

模型作业的关键是模型题材的选择和亲自动手制作的过程，选择什么建筑来做模型直接影响到作业训练目的的实现程度。而亲自动手制作，解决制作过程中遇到的技术问题（建筑的和模型的），是训练目的的核心所在。至此，模型本身倒好像并不是十分的关键。

我们鼓励两三个同学合作完成一个作业，这样做的好处很多。比如说可以培养同学们的协作能力；集思广益，互相学

习借鉴，互相鼓励，可以更好的完成学习目的，激发同学们的学习热情……并且，毕竟制作一个较复杂的模型，也不是一个人的能力所能及的。

五、模型的制作与选材

模型的选材可以自由一些，只要能够找得到，并且可以加工就可以了。木材之所以是首选，更多的可能是因为它更适合在教室内进行加工，加工过程中不太受时间和空间的限制，也不需要太复杂的加工工具，可以将人们的注意力更多地吸引到模型的设计与制作过程，而不是工具和加工工艺。

模型作品的制作与评判，应有一些基本的标准：

第一，正确性。要求模型的整体与局部的构造关系必须正确、恰当，不能违反起码的工程现实，这也是构造模型区别于其他模型的根本点。

第二，形体美。也就是要把握模型的整体的造型与比例关系，符合一定的审美规律。

第三，精美性。着眼于单一构件本身的制作，要求尺度精确，做工精细。就是说只有无数完美的"细胞"单体，才有可能形成完美的统一有机体。

第四，协调性。着眼于构件之间的连接与组合，要求正确、准确、精确。

第五，创造性。这是我们以制作模型为教学训练方式的出发点与最终目的。体现在模型的题材选择、构造方案设计、制作的方法与手段等方面。

木构架轴剖图

学生：门，窗，洞口上方一定会有过梁吗？

老师：从某种意义上讲是这样的，但有的时候我们可以理解为：过梁可能已经被某些其他的构件同化或代替，比如建筑结构梁下面如果直接就是洞口，就不必再做过梁，或者洞口上沿和梁的底面距离不大（如400～500mm），一般的做法会将过梁和结构梁浇筑在一起，这对过梁的强度和施工的便捷都是有利的。

第三节 作品点评

一、斗拱

斗拱是中国古建筑的象征与重要组成构件，在其模型的制作中，主要是"斗"和"拱"这两种构件的制作和它们之间的穿插组装。这种模型的制作，关键要注意以下几点。

第一，整体尺度和比例的把握。

第二，因为斗拱的构件标准化程度很高，所以在制作模型的过程中，标准构件的制作尺度一定要十分的精确才行。构件制作要尺度精确、切割正确、棱角分明、挺拔有力度。

第三，优秀的斗拱模型应该是独立分件制作，然后可以重复组装与拆卸的。

130

斗拱模型　作者：刘方成

斗拱模型　作者：刘方成

斗拱模型　作者：姜麟

斗拱模型的分件组装过程。

斗拱模型　作者：李欣昱

斗拱模型　作者：李欣昱

斗拱模型　作者：黄国涛、原野

师生互动

　　学生：预埋木砖是什么东西？

　　老师：是这样，预埋木砖是一种较为理想的在墙面上固定龙骨的方法，就是将木材切割成同墙体块同样的尺寸，经过防腐处理后，在砌筑墙体时，将木砖砌在确定位置的墙体内部，在安装龙骨时，就可以将龙骨直接钉在木砖上，不会对墙体结构造成破坏。

　　但这种做法有一定的局限性，首先是要求设计的系统性与深入性，就是在建筑施工之前，就要确定墙面的装饰类型，并要做好墙面装饰的细化设计，也就是要确定木砖埋放的位置，再就是对于改造性的装饰工程，这种方法是不适用的，只能用在结构墙面上埋放膨胀螺栓的方法固定龙骨，并且在国内，现在大量的室内装饰工程都是应用这种方法。

二、中国古建筑木构架

木构架的逻辑系统是中国古建筑的精髓。让同学们制作木构架模型，可以加深对木构架和中国古建筑内部空间的理解。

这个模型实际上是同学们在经过认真的学习和总结的基础上，将中国古建筑结构体系的核心特征加以归纳和总结，经过同学们的再设计而成的，具有一定的创造性。

模型的整体关系、尺度、比例十分协调，构件的制作、组装、连接都非常精确、细致，结构关系简洁明确，构件的标准化程度较高，是一件比较成功的好作品。

尤其是屋面的曲线与飞檐的表达，很漂亮，并且构件的组合定位也很精确。

作者：薛彬彬、周琰、李秀英

三、亭子

亭子，可以说是构造体系最完整，形体最精巧、最集约的、最小的建筑了，是非常适合用来制作模型的选题之一。在亭子模型的制作中，以单檐、单层的四角亭为基本原型，比较简单。但值得一提的是，简单的东西要想作得好、做到极致，那就尤其的难，才见真功夫。

展示的重檐六角亭的模型，在亭子模型的制作中是难度较大的一种，因为120度的交角实在不是一件容易把握的事情。更令人惊叹的是，这个模型的几乎全部的构件及其穿插交接都是按照工程实际的方案进行的。各构件的制作精度极高，并且整体的形态、比例、尺度的把握也恰到好处，是一件难得的精品。

展示的联体方亭。在亭子当中，联体亭的构架逻辑关系是比较复杂的，特别是屋面的相交部分，难度很大。这个作品应该说不是很成功，尽管结构关系的认识是正确的，但制作的精度较差，特别是出现了交接错位的情况，这在模型的制作中是大忌。

重檐六角亭　作者：郭嘉、张天竹

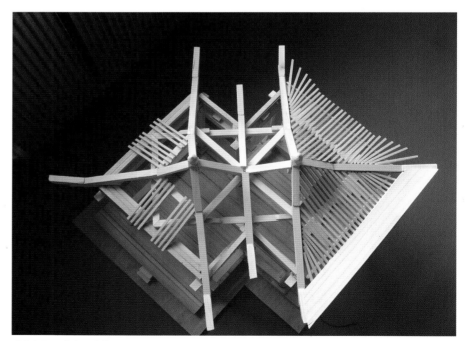

联体方亭　作者：许晓明

四、佛光寺

完整的单体建筑，相对于前面的作品就比较复杂了，逻辑难度也有所增加。无论是构件的种类还是数量，无论是构架的关系，还是构件的穿插，其逻辑难度和工作量都相当大。

佛光寺在中国古建筑史中的地位举足轻重，可谓经典。并且其自身的形态与比例也堪称完美，构件的逻辑关系清晰明了，选择它来做模型就理所当然了。

第一组的五台山佛光寺大殿的模型作得十分的"庞大"，首先是模型的整体体量比较大，底盘尺寸达到了750×500mm，大大超出了作业的条件要求。其次是工作量大，整个模型粗略估计有4000个左右的构件组成，包括60个精致的小斗拱，并且每个斗拱都很完整、精确。这么多构件的设计、制作、组装，其难度和复杂程度可以想象。

这个模型的整体关系、尺度、比例十分协调，构件的制作、组装、连接精确协调、美观细致。是一件比较成功的好作品。

不足的是，由于其庑殿顶斜角梁部分的构造关系十分复杂，难度较大，加之受作业时间的限制，屋顶部分没有做完，是一件"半成品"。

第二组的作品与第一组的不同是，这个模型制作了大殿的中间部分，回避了斜角梁和庑殿顶的问题，难度也就相应的降低了，有一点小智慧。这个计划是比较成功的（其实做模型本来就不是要求越难越好）。

第三组模型只做了大殿中间两榀屋架的一半。思路是将工作的重点放在细节的刻画上，并力求做到完美，回避单调、机械的重复性工作。思路是可行的，并且模型本身做得也比较成功。斗拱本身表现得

比较深入、细致，并且，斗拱之间以及斗拱、梁、柱、屋架、顶棚等之间的关系也表达得很明确、深入。构件的制作与穿插工艺也很精致、准确，整体比较成功。

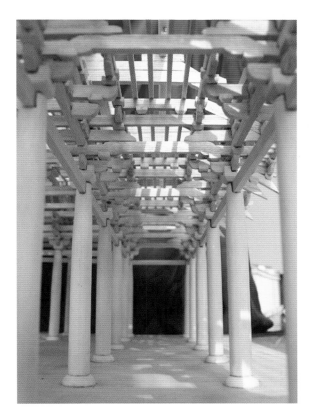

山西五台县佛光寺东大殿梁架剖视示意图
1.叉手; 2.平梁; 3.四椽草袱; 4.四椽明袱;
5.乳袱; 6.内额

五台山佛光寺大殿剖透视图

佛光寺大殿模型局部 作者：王冬雪、董玉珠、刘欣欣、胡佳媛、刘丽

佛光寺大殿模型局部 作者：韩磊、赵静、马涛

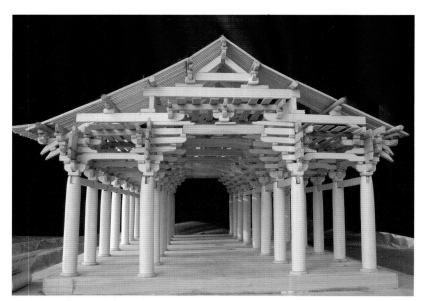

佛光寺大殿模型 作者：杨晓东、韩野、李正山

五、广胜下寺

位于山西洪赵县境内的广胜下寺，是元代佛教建筑的重要遗迹，也是中国现存众多优秀古代建筑遗迹之一。其建筑形态及细部构造与其他时代的古建筑有明显差异，可以在制作过程中慢慢体会。其实同学们还制作了大量的其他古建筑的模型，也都很优秀，只是在这里不一一介绍了。

这一组山西广胜下寺大殿的模型有一定的难度，风格也很有特色。模型整体的关系、尺度、比例十分协调，构件的制作、组装、连接精确协调、美观细致。是一件比较成功的好作品。尤其是屋面的曲线与飞檐的表达，很漂亮，并且构件的组合定位也很精确。

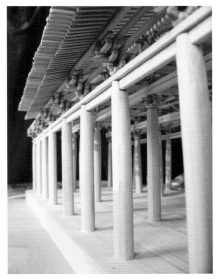

广胜下寺大殿模型　　作者：王淼、张莉、朱东升

师生互动

　　学生：怎样区分石材墙面采用的是哪一种做法呢？

　　老师：现在石材墙面的应用是很广的，要区分它们是哪一种做法并不是很难。我们可以学一学中医，来一个望闻问切，望分两个方面：一是石材的单块面积，块越小，采用粘贴法的可能性越大，块越大，采用绑扎法或干挂法的可能性越大。望的另一方面是看墙面的平整度和有无水际，可以区分是否是干挂法。闻和问指的是向可能了解情况的人进行咨询，切指的是以手扣击墙面，有空空之声音为干挂法。

六、其他类模型

所谓其他类模型内容就比较庞杂，主要是同学们自行查找、选择的题材，内容涉及比较广泛，其中不乏优秀的作品。

制作这类模型主要应该注意这样几点：

第一，建筑主体构架的尺度与相互间的关系。

第二，构件的制作精度，尤其是某些特殊构件的制作。

第三，建筑技术、工艺，建筑材料的模型表达，注意各种模型材料的应用的技巧与适用性。

弧线形建筑构架　作者：庞云鹏

美国某木结构教堂　作者：王妍珩、李程威、周晓丹

某别墅正面　作者：杜欣欣、张侨文、黄璐璐、解伦

现代钢结构构架　作者：吴宜刚、庞博、杨伟龙

候车亭廊　作者：郭峰、李博

单层建筑的墙体构造 作者：高杰

廊桥模型 作者：林若彬、宫健

某现代构架构造模型 作者：短秀岩、张程

七、结语

采用制作模型作为构造课的训练方式，是一种探索、一种创新。值得欣慰的是，同学们在制作模型的过程中表现出了高涨的激情，以及最终取得了"辉煌"的成果。制作模型中的同学们，是令人鼓舞的、令人感动的，我感谢他们给我的支持、给我的灵感、给我的激情……

我想说的是，模型只是手段，不是目的。通过本课的学习，我所希望的，不是一定要掌握多少知识，而是：第一，构造知识是灵活的、实践的，不是教条的、理论的。第二，构造知识存在于你的身边，不一定在施工现场，更不在书本上。第三，构造离你不远，你可以动手、可以把握、可以自己去创造。

伊势神宫构架模型　作者：孙堃、苏会人

通用构造教学计划：

总授课时间：8 周　2004.10.04～2004.11.26

每周进度及授课安排：

第一周：2004.10.04～2004.10.10

第一讲：认识构造

时间：2004.10.04　8：00～11：20

教学目的：了解构造知识所涉及、研究的范畴，认识构造知识的实质、掌握基本的学习方法。

讲授重点：构造的含义、构造知识的学习方法、构造设计的本质。

难点：构造与结构是完全不同的概念，传统的构造设计与创造性的构造设计。

第二讲：建筑

时间：2004.10.06　8：00～11：20

教学目的：了解建筑的分类与部位定义，了解与构造相关的建筑设计影响因素。

讲授重点：影响建筑设计的常见因素，建筑模数。

难点：建筑模数。

实践与训练：

任务1：现场调研

时间：2004.10.07～2004.10.10

地点：鲁迅美术学院校园内

任务内容：在自己的校园内观察、寻找并拍照、记录——1.各种破损处；2.不了解构造做法的现状。

目的：体会构造知识在专业范畴内的普遍存在性，锻炼观察身边事物的能力与意识，带着产生的疑问可以提高后面知识的学习兴趣。

成果要求：带有图片及说明的考察报告。规格为 A4，无确定的数量要求。不要急于下结论，提出问题最重要，可以引导后面的学习。

任务2：现场调研

时间：2004.10.07～2004.10.10

地点：市区及近郊（同学们力所能及的活动范围内）

任务内容：找到分类中的各类建筑的实例（尽量找全）

目的：系统、有机地认识建筑。

成果要求：带有图片及说明的考察报告。规格为 A4，无确定的数量要求。

第二周：2004.10.11～2004.10.17

第三讲：建筑墙体

时间：2004.10.11　8：00～11：20

教学目的：认知各类墙体，了解墙体的主要的功能及要求。

讲授重点：墙体的分类、墙体的热工、隔声原理及要求。

难点：墙体的热工、隔声原理。

第四讲：砖墙与隔墙

时间：2004.10.13　8：00～11：20

教学目的：较全面地了解和掌握常见的砖墙的构造及细部特点，了解和掌握常见的隔墙的设计和构造。

讲授重点：砖墙的细部构造特点，墙身的加固，隔墙的设计要点及构造做法。

难点：砖墙的细部构造，隔墙的设计要点。

实践与训练：

时间：2004.10.14～2004.10.17

任务1：现场调研

地点：施工中的建筑或装修工地。

目的：直观了解砖墙的施工及构造特点。

任务内容：选择一处施工中的工

地，观察其施工特点及成果的形象，加深理解。

成果要求：带有图片及说明的考察报告。规格为 A4，无确定的数量要求。

任务2：现场调研

地点：身边的建筑

目的：在现实中印证墙体的细部组成及其构造特点。

任务内容：选择一到三处身边的建筑，观察其各细部的组成及构造特点，并比照所学的相应的知识，加深理解。

成果要求：带有图片及说明的考察报告。规格为 A4，以尽量全面地展现墙体细部构造为标准。

第三周：2004.10.18～2004.10.24

第五讲：墙面装饰

时间：2004.10.18　8：00～11：20

教学目的：较全面的学习和掌握内、外墙的墙面装饰做法及构造特点。

讲授重点：外墙面装饰的功能、分类及做法，内墙面装饰的功能、分类及做法。

难点：理论知识与实际做法的对接

第六讲：地基基础

时间：2004.10.20　8：00～11：20

教学目的：系统了解地基、基础的相关知识。

讲授重点：地基、基础的定义，地基的加固，地基问题的处理，基础的埋深、种类及相关应用。

难点：地基的不均匀沉降问题，基础的种类及相关应用。

实践与训练：

时间：2004.10.21～2004.10.24

任务1：现场调研

地点：施工中的建筑装修工地

目的：直观了解墙面装饰的施工及构造特点。

任务内容：选择2～4处施工中的建筑、装修工地，观察其施工特点及成果的形象，加深理解。

成果要求：带有图片及说明的考察报告。规格为A4，无确定的数量要求。

任务2：现场调研

地点：施工中的建筑基础工地

目的：直观了解建筑基础的施工过程及构造特点。

任务内容：选择2～4处施工中的建筑基础施工工地，观察其施工特点及成果的形象，加深理解。

成果要求：带有图片及说明的考察报告。规格为A4，无确定的数量要求。

第四周：2004.10.25～2004.10.31

第七讲：楼板、地面

时间：2004.10.25 8：00～11：20

教学目的：了解楼板的构造与支撑结构，学习楼地面的功能、分类与构造。

讲授重点：楼地面的构造组成，钢筋混凝土楼板、楼地面面层的装饰构造。

难点：现浇钢筋混凝土楼板

第八讲：屋顶、顶棚

时间：2004.10.27 8：00～11：20

教学目的：了解建筑屋顶的种类与基本构造，掌握顶棚装饰的分类与构造。

讲授重点：平屋顶，坡屋顶，顶棚装饰的分类构造。

难点：平屋顶与坡屋顶的构造。

第九讲：楼梯

时间：2004.10.29 8：00～11：20

教学目的：了解和掌握楼梯的设计、结构重点，以及楼梯的装饰手法与构造。

讲授重点：楼梯的设计、楼梯的装饰构造。

难点：楼梯的设计原则

实践与训练：

时间：2004.10.27～2004.10.31

任务1：现场调研

地点：身边的建筑

目的：在现实中印证各种地面装饰类型的构造特点。

任务内容：尽可能多的收集各种地面装饰的实例，观察分析其组成及构造特点，并比照所学的相应的知识，加深理解。

成果要求：带有图片及说明的考察报告，规格为A4。

任务2：现场调研

地点：身边的建筑

目的：在现实中印证各种楼梯的类型及相应的构造特点。

任务内容：尽可能多的收集各种楼梯的实例，观察分析其设计的特点、组成及构造特点，并比照所学的相应知识，加深理解。

成果要求：带有图片及说明的考察报告，规格为A4。

任务3：现场调研

地点：身边的建筑

目的：在现实中印证各种顶棚装饰类型的构造特点。

任务内容：尽可能多的收集各种顶棚装饰的实例，观察分析其组成及构造特点，并比照所学的相应知识，加深理解。

成果要求：带有图片及说明的考察报告，规格为A4。

任务4：模型作业前期A

目的：为正式的构造模型制作做前期的准备。

任务内容：尽可能的收集各种资料、实例，选择其中构造比较有特色的、难度适中的，观察分析其组成及构造特点，并比照所学的相应的知识，初步确定相应的模型制作方案。

成果要求：选择2～3套方案，备选。

第五周：2004.11.01～2004.11.07

第十讲：建筑装饰中的玻璃

时间：2004.11.01 8：00～11：20

教学目的：了解和掌握各种玻璃工艺在建筑和装饰工程中的应用及特点。

讲授重点：玻璃幕墙，采光玻璃顶。

难点：玻璃构件的连接与固定。

第十一讲：环境地面

时间：2004.11.03 8：00～11：20

教学目的：学习和掌握环境工程中地面的处理方法及构造特点。

讲授重点：柔性地面、硬地面。

难点：硬地面的基本技术参数的理解与应用。

第十二讲：可通行的高差处理

时间：2004.11.05 8：00～11：20

教学目的：学习和掌握环境工程中通行高差的处理方法及构造特点。

讲授重点：台阶的设计与要求，台阶的分类与构造，坡道的设计与要求，坡道的分类与构造。

难点：台阶、坡道的设计与要求。

实践与训练：

时间：2004.11.01～2004.11.07

任务1：模型作业前期B

目的：为正式的构造模型制作做前期的准备。

任务内容：在老师的协助下，在备选方案中确定一套方案准备制作模型。参照所学的相应的知识，确定模型制作方案，计算必要的模型数据，绘制草图。

成果要求：绘制系统完整的模型制作设计图，数据要精确。

任务2：现场调研

地点：身边的环境

目的：在现实中印证本周所学的知识。

任务内容：针对本周所学的知识，观察身边的环境，分析其设计的特点、组成及构造特点，加深理解。

成果要求：带有图片及说明的考察报告，规格为A4。

第六周：2004.11.08～2004.11.14

第十三讲：挡土墙

时间：2004.11.08　8：00～11：20

教学目的：学习和掌握环境工程中挡土墙的设置及构造特点。

讲授重点：挡土墙的设计与要求，挡土墙的形式与构造特点。

难点：挡土墙的设计与要求。

第十四讲：围墙

时间：2004.11.10　8：00～11：20

教学目的：学习和掌握环境工程中围墙的设置及构造特点。

讲授重点：围墙的设计与要求，围墙的形式与构造特点。

难点：围墙的设计与要求。

第十五讲：围栏与大门

时间：2004.11.12　8：00～11：20

教学目的：学习和掌握环境工程中围栏、入口大门的设置及构造特点。

讲授重点：围栏的设计与要求，围栏的形式与构造特点，入口大门的设计与构造特点。

难点：围栏的设计与要求。

实践与训练：

时间：2004.11.08～2004.11.14

任务1：模型作业中期A

地点：模型工作室、各自的教室。

目的：制作正式的构造模型。

任务内容：1.依据模型制作设计图及计算数据，制作草模，确保设计图与数据无误。2.制作正式模型的构件，要求精确、精致。

成果要求：完整的草模和部分正式模型构件。

任务2：现场调研

地点：身边的环境

目的：在现实中印证本周所学的知识。

任务内容：针对本周所学的知识，观察身边的环境，分析其设计的特点、组成及构造特点，加深理解。

成果要求：带有图片及说明的考察报告，规格为A4。

第七周：2004.11.15～2004.11.21

任务1：模型作业中期B

地点：模型工作室、各自的教室。

目的：制作正式的构造模型。

任务内容：制作正式模型的构件，要求精确、精致。在适当的时机进行试组装。

成果要求：正式模型的构件。

第八周：2004.11.22～2004.11.26

任务1：模型作业后期

地点：模型工作室、各自的教室。

目的：制作正式的构造模型。

任务内容：1.制作正式模型的构件，要求精确、精致。2.将准备好的构件组装成正式的模型。

成果要求：完整、精美的正式模型成果。